生物觀察，生命教育，親子共作，
適合大人小孩一起飼養的 53 種水族寵物

親子玩水族

著‧攝影｜吳瑞梹

Fantastic Aquatic Pets
for Parents and Kids

動物快速檢索

暗藏武器的優雅舞者
刺胞動物　第 50 頁

穿梭水草間的美麗小精靈
脂鯉類　第 136 頁

低調潛行的不死之身
扁形動物　第 54 頁

享受孤獨但樂當慈父的鬥士
迷鰓魚類　第 154 頁

披著冑甲的機關人
節肢動物　第 58 頁

個性驃騢的慈父慈母
慈鯛類　第 168 頁

背著重殼闖天下的柔情漢
軟體動物　第 70 頁

其他魚類　第 184 頁

爸爸瀟灑風流、媽媽懷胎產子
卵胎生鱂魚類　第 86 頁

身體咕溜不是蛇的假四腳蛇
蠑螈類（有尾類）　第 198 頁

生命短暫卻精彩燦爛的花火
卵生鱂魚類　第 104 頁

世界知名的變身歌手
蛙類（無尾類）　第 202 頁

活力十足
但會囫圇吞棗的小鬍子
鯉類　第 118 頁

能屈能伸的大丈夫
澤龜類　第 218 頁

目錄

PART 2
{正式開始}

{ PART **3** }
實用資源

理想的家庭寵物——水族動物

小狗、貓咪等人們所熟悉的寵物，都是身體內維持著恆定體溫的**哺乳類動物**，又能稱為「溫血動物」。牠們毛絨絨的，摸著、捧著甚至抱著牠們時，往往讓我們覺得很溫暖。這些「毛小孩」的個性溫和，很親近人類，與人們的互動性高，有的還可以透過適當的訓練讓牠們了解主人的指示，甚至培養出可以配合主人作息的生活習慣。因此，牠們十分受到歡迎，往往也是寵物中的首選。

相較起來，魚、蝦、青蛙、爬蟲等，是體溫會隨著環境溫度變動的**變溫動物**，也可被稱為「冷血動物」；牠們沒有柔軟的皮毛，少有大眼淺笑的萌樣，大多數也不會主動跳入主人的懷抱中磨蹭。因為臉部肌肉沒有像哺乳動物那麼複雜，所以不太會有豐富表情，若被錯誤對待，牠們還可能會有意或無意地傷害人類。因此，在缺乏了解的情況下，許多人會認為變溫動物比較低等、愚笨、沒感覺、不會認主人……。其實，這些刻板印象絕大多數是錯誤的！一些體型較小、性情相對溫馴、不怕人、身上帶有美麗色彩的變溫動物，可以被飼養作為寵物陪伴在主人身旁。

變溫動物的種類非常多，但較常被當作寵物飼養的，包括水族館裡常見的觀賞魚蝦類、部分兩生類（青蛙、蠑螈等），還有一些爬蟲類（烏龜等）。牠們的種類多樣，性情、習性與環境需求也不盡相同。飼養牠們，除了可以帶來一般飼養寵物時所產生的情感連結，如**寵愛**、**擁有**之外，還能讓飼主透過**觀察**、**觀賞**、**了解特殊的生態習性**、**繁殖**、甚至**品種改良**等方式體會生命的奧妙。不僅成年人可以學習飼養變溫動物，孩子在家長的正確引導之下，也能夠操作飼養與自主觀察。孩子對有趣、新鮮、特別的事物都充滿了好奇心和求知慾，在初期大人的協助與引導之下，讓孩子逐步且正確地接觸不同類型的生物，培養他們對動、植物觀察、欣賞乃至於研究的興趣與能力，更有助於開拓與引導孩子們日後對自然萬物的視野與尊敬。

大部分的孩子對於生物的觀察、了解與飼養，總充滿新鮮感、好奇心而會眼睛發亮。

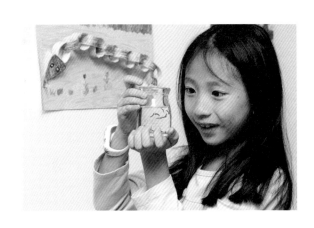

由於網路發達，資訊的流通與取得變得很容易，水族類寵物的接受度日漸提升，許多物種在水族館與兩生爬蟲店家的鋪貨量很高，交易頻繁，而且售價也不貴，很適合讓經驗較少的大人小孩入門。不過，這些動物的取得門檻低，並不表示就可以不把牠們的生命當一回事而隨便亂養，更不可以亂放生。「尊重所有生命，提供牠們所需」，是飼養任何寵物的最大原則。要讓孩子藉由飼養寵物來建立「尊重生命」的正確觀念，由最親近的家長來引導與身教，是最適合不過了。

住家附近的水族館是讓孩子們觀察、選購與接觸水族動物的絕佳去處。

準備工作

貓、鼠、兔類等寵物，對環境與食物有各自的基本需求。若生活在不適當的條件之中，牠們會感到不舒服——心情低落、拒絕進食、自虐脫毛、生病，甚至死亡。而在面對外來威脅或身處不安穩的環境時，牠們也可能會展現本能自我防衛，甚至出現攻擊行為。因此，飼養這些寵物的原則，就是要能滿足牠們這兩大基本需求：**充足且營養的食物**，以及**適當且夠大的環境**。同樣地，各種水族類動物對食物和環境也都各自有不同的需求。因此，要能夠順利且健康地長時間飼養牠們，就必須滿足這兩項基本需求。水族類動物的種類繁多，有的完全住在水裡；有的住在水陸交界環境；有的會往樹幹枝條上爬；有的是植食性的；有的是肉食性的。一旦決定要飼養什麼寵物後，事前查閱搜尋相關資料，或是向有經驗的人諮詢，都是必須的準備工作。

和 4~6 歲的孩子一起養水族

如果孩子年紀較小，尚無能力自行去圖書館、上網搜尋資料，家長就必須肩負起資料查詢、整理與傳授知識的工作。開始飼養之後的日常管理與清潔工作，也極有可能大部分都是由家長來負責。這個階段的孩子能參與的部分，包括大量觀察、主動提問、被動接受家長的知識傳授、觸摸寵物、或是餵食等。雖然日常清潔、換水等工作可能會讓有些飼主覺得繁瑣，但透過與孩子的問答互動與適度約束——如有些動物只能看不能摸，有些動物容易被太大的聲響驚嚇等——對於親子關係絕對有正面幫助。這個階段的孩子，應該已經可以透過童言童語，甚至幫寵物取名字，來接受生物相關知識以及生命教育的觀念。不妨試著用孩子的語言，說明寵物的照顧方式或觀察重點等觀念，例如：「小點點（魚名）喜歡跟水草當好朋友，所以要讓牠們作伴。」「大蝦蝦是鐵甲武士，有穿盔甲，所以身體硬邦邦。」

和 7 歲以上的孩子一起養水族

　　年紀稍大，且開始有能力可以自主閱讀圖文的孩子，能夠在大人的陪同下到書店與圖書館購買查閱參考書籍，或是利用網路搜尋相關資訊。在計畫飼養寵物時，家長可以嘗試帶著孩子一起進行資訊的蒐集與整理，也可以共同決定要飼養的物種、布置飼養環境、準備餌食，以及進行日常管理工作，並且慢慢由少至多地將工作轉移給孩子。這個階段孩子的觀察力和理解力已提高不少，好奇心也更加強烈，提出的問題甚至有可能是家長無法立即回答的。這時，親子共同進行飼養計畫，透過自學和實作，大人小孩都會有所成長。

　　建議家長和孩子分工，或是共同工作，而不要太快把所有工作都丟給孩子。全家人共同執行飼養工作，一起討論分享心得，也一起享受飼養寵物所帶來的愉悅感和成就感。日常照顧的繁瑣也要共同承擔，盡可能減少日後如「每次養寵物最後都是我在照顧，以後不養了！」這類的埋怨。正確飼養動物、確保牠們健康的同時，除了可以讓自己和孩子獲得相關的生物和自然知識外，也有助於建立孩子的責任感，培養他們的觀察與思考能力。更重要的，透過密切的親子互動與談話，飼養寵物對家庭和諧絕對有提升的作用。

適合親子共同飼養的水族動物

　　不少成年人很抗拒飼養寵物，原因通常不離「家裡空間不足」、「購買和照顧寵物的預算不足」、「怕把寵物養死」、「覺得寵物的照顧工作繁瑣耗時」等。其實，如果真的想要飼養寵物，而且想與孩子一起進行，心中又有上述擔憂的話，不妨試試從水族類寵物著手吧！水族和兩生爬蟲類動物種類繁多，其中不乏性情溫和、體型迷你，飼養難度低，且容易取得相關資訊的物種。牠們所需的飼養空間通常較小，日常管理照護工作簡單，從水族或兩生爬蟲店裡購買取得的價格也親民，不會對飼主造成空間、時間和經濟上太大的負擔。

　　考量空間需求、**價格**、飼養難度和生物的**特殊性**等各項條件，本書建議了 53 種適合親子共同飼養與觀察的水族類寵物。這些水族動物被人類飼養的歷史相對較長，人們對牠們的了解很完整，相關的生物學、飼養方法甚至繁殖方法等資訊均相對齊全。其中包括一些生活在水裡，可以利用水族箱或簡易容器盛水飼養觀察的魚蝦類，以及一些飼養容易，可以與人類近距離接觸的兩生類和爬蟲類動物等。只要有心，透過資料的搜尋、閱讀與整理，要事先了解牠們並不困難，也能輕易評估是否有能力可以飼養──提供合適的空間環境與滿足其食物需求。

　　透過飼養與觀察這些動物，家長和孩子可以探索不同動物在外形、構造、習性等各方面的多樣性，進而對巧奪天工、多姿多彩的大自然產生好奇、欣賞、尊敬與謙卑之情。

{ 飼養任何寵物，請尊重所有生命，提供牠們所需。 }

PART 1

準備妥當

如何引導孩子飼養水族動物

與飼養相關的生物知識

環境與食物需求

　　了解欲飼養之動物本身的生活環境與食性需求，是絕對要事先進行的功課。若孩子的年紀較小，就必須由家長代勞，並且在環境布置、日常觀察等適當的時機用簡單易懂的話語將這些資訊與概念傳遞給孩子。若是年紀較大的孩子，就可以與家長一起進行相關資料的搜尋與閱讀工作，甚至自行尋找與閱讀資料後，再一同討論，藉機培養孩子自主查閱蒐集資料的能力。

　　一定要先了解動物的環境與食性，並且確定有能力完整提供所需後，才能開始飼養。絕對不可以因為在水族館或爬蟲店看到漂亮的動物，就忍不住立即買下，回家之後才發現對牠一無所知。這種衝動購買，極可能會因為不當照顧而使動物生病甚至死亡，而動物的死傷模樣會讓孩子留下難以忘記的負面印象，使親子共同飼養寵物的美意產生反效果。況且，這種不尊重生命的不負責行為，更是不好的示範。

安全衛生教育

　　不論是大人或小孩，在觀察、餵食與日常管理水族動物時，難免會讓手部接觸到飼育水，飼（餌）料，甚至是動物體。飼育水、飼料與動物的身上，多少會有微生物，也可能包含對人類健康有害者。此外，有些水族動物的體表會分泌黏液，例如魚類和兩生類，其中有些成分對人類有不同程度的毒性，對過敏體質或年紀較小的孩子有健康上的疑慮。因此請千萬記得，在管理操作或碰觸水族動物之後，一定要馬上把手清洗乾淨，才能再做其他事。另外，書中少部分水族動物，可能會在飼主捉取不慎，或讓其過度受驚時出現攻擊人類的行為，例如有大螯的螯蝦、嘴巴大的角蛙、爪子較尖的澤龜等。平時應盡量減少捉取牠們的次數，如果真的需要捉取牠們，也要使用適當且安全的工具來輔助，或由大人來小心處理。假使不慎受傷了，一定要馬上清洗傷口，並視情況盡快尋求醫護相關協助。

衍生的生物學知識

　　為了適應原本棲息環境的特性，並且延續物種和族群，水族動物會發展出獨特的外形、構造、生理作用（例如怎麼呼吸、怎麼進食等）、生存與繁殖方式等。在飼養的過程中，家長可以帶著孩子一起觀察，甚至安全的觸摸，同時解說這些生物特性，進而比較不同動物之間的異同。例如，蠑螈（兩生類）與蜥蜴（爬蟲類）的外形相似，但皮膚看起來不一樣。前者是溼溼滑滑的；後者則是乾的，甚至有點粗粗的。或者如，大部分魚類是卵生的，魚媽媽會先產下卵，與魚爸爸排出的精子結合之後，

受精卵在水裡孵化成小魚；但孔雀魚是**卵胎生**，魚爸爸的精子會先進到魚媽媽身體裡跟卵結合，受精卵在魚媽媽肚子裡發育孵化成小魚後，才被生出來。又或者，有些動物（卵生鱂魚、豐年蝦等）會產下可以長時間乾燥的卵，就像植物的種子一樣，等到環境合適時，幼魚（幼蝦）才會孵出來。從飼養水族動物而衍生出來的生物學知識非常多，也都很有趣。如果進一步搭配利用孩子習慣的語言和方式來傳遞這些資訊，多數孩子常會聽得津津有味，在不知不覺中增長許多知識。

尊重生命以身作則

言教不如身教

　　帶著孩子一起飼養寵物，除了生物知識外，動物福利與生命教育絕對是大人小孩都必須藉機培養的重要觀念。

　　所有動物不論大小，都和你我一樣，是一個個體，飼養牠們，不等同有權力可以讓牠們痛苦；我們飼養寵物，是為了要更加接近、認識及學習欣賞牠們，並不是為了單方面擁有牠們。一旦決定要飼養寵物，就算牠們的地位無法等同於家人，也請絕對至少要提供動物「基本且真正需要的」，而非無根據地擅自決定要讓牠們生活在什麼樣的環境，並避免讓牠們遭受不必要的痛苦。每一種動物對環境都有不同需求，包括空間的大小與環境的狀況如溫度、溼度、光照等（陸域）或水質、水溫、光照等（水域）。再者，不同動物可接受的食物種類與尺寸大小也不盡相同。這些動物被人類圈養，無法主動去尋找自己所喜愛的環境與食物，只能被動地接受飼主的安排；若無法接受，就會遭受到身體不適、飢餓、甚至生病死亡等痛苦。身為負責的飼主，有義務和責任讓動物避免這些無謂的痛苦；而家長更有責任成為孩子們的表率，引領孩子學會尊重生命、維護動物福利的觀念。

珍貴的生命教育

　　凡飼養寵物，幾乎都要面對動物的生、老、病、死。適合人類飼養的水族類動物中，除了少部分種類，在無意外的情況之下，大多數壽命從數個月到數年不等，遠短於人類壽命。換句話說，就算被妥善照顧，寵物仍會在飼主（不論大人或孩子）的手中死亡。年紀愈大的孩子，對於「死亡」、「永別」的意思愈了解，情緒感覺也會愈深刻。一旦發生了，情緒表現可能會從程度較低的「惋惜失望」到較高的「傷心痛哭」。家長無需阻止、刻意避免孩子的情緒發洩，除非出現太過極端的表達。一般而言，大人對情緒的控管能力較佳，此時，除了陪伴孩子，也可以用孩子能接受的方式或語言，在適當的時機讓他們了解生命在自然界中的循環；這是培養孩子生命觀的絕佳機會。

不隨意放生

　　飼養水族類動物時，另外一個同樣重要且大人小孩都必須要培養的觀念，就是**絕對不能隨意放生**！

　　有時候，因個人、家庭、工作等各種因素，偶爾會出現寵物飼養一段時間之後無法或不想繼續飼養的情況。此時，如果真的無法堅持飼養下去，負責任的作法是主動幫寵物尋找下一位可以好好照顧牠們的主人。事實上，這一點都不難，尤其是在社群媒體發達的現代，幾乎絕大部分的合法寵物都有相對應的「買」、「賣」、「徵」、「送」交易網站，也可以詢問最初購買寵物的水族館、兩生爬蟲店，是否願意幫忙回收、寄賣、或幫忙聯絡其他同好。

當無法繼續飼養寵物時，刻意不管且任憑動物餓死、凍死，是很不負責任的作法；而更糟糕的作法，就是隨意將牠們「放生」。把被圈養的動物放到野外，絕對不是「功德一件」——無法適應野外生活的動物，一旦被野放，通常很快就會死亡。抱著「眼不見為淨」的心態任由動物在野外死掉，哪來的功德可言呢？

假設，野放的動物能適應新環境，那更是大災難！地球上各個生態系，都有穩定的生物組成，透過食物鏈與食物網互相牽制，也互相支持。當本來不該屬於某地的動物進入了原有生態系，且適應良好，就會成為「外來種」，極可能會讓生態系統失衡，甚至帶來自然環境的浩劫如原生物種滅絕、生物多樣性降低、原生物種的基因被汙染等，或人類經濟上的損失。目前臺灣自然環境中的主要外來種水生動物，或多或少都與因水族動物飼養需求而輸入有關，例如美國螯蝦、孔雀魚、玻璃魚、琵琶鼠魚、藍寶石慈鯛（也稱為巴西珠母麗魚）、紅耳龜等。牠們都不是臺灣原生動物，但因為被放生或從人為飼養環境中逃逸出來並且適應自然環境，進而在野外繁衍後代，甚至擴大族群範圍，造成原生物種的空間與資源被擠壓、剝奪。因此，千萬不要因為一己之私，造成或加重大自然的負擔。

美國螯蝦最初以食用和觀賞為目的被輸入臺灣，現在已入侵到各個自然水域當中，是著名的外來種之一。

包括孔雀魚等外來種魚類的出現，已經是造成臺灣許多原生淡水魚逐漸消失的原因之一。

飼養水生動物

水族動物，是生活在水裡的動物，也可以稱為「水生動物」。依據是否具有「脊椎」，大致上可以把牠們分為「脊椎動物類」的水生動物和「無脊椎動物類」的水生動物。可以被當作寵物飼養的水生脊椎動物以魚類為主，如在水族館裡找得到的各種觀賞魚。此外，依水而居的青蛙、蠑螈、澤龜等水生兩生類和爬蟲類動物，同樣也是水族館中常見的水生動物。水生的無脊椎動物種類包羅萬象，其中最常被飼養的以蝦子、螺類等居多。飼養水生動物時，需準備一個能盛水且能讓動物有足夠生活空間的容器，例如玻璃水族箱或塑膠寵物觀察箱，並把水中環境布置成牠們需要的樣子，讓寵物安心、健康地活動。

無脊椎動物類的水生動物：（左上起順時針方向）
水螅、渦蟲、螺貝類、蝦子等。

脊椎動物類的水生動物：（左上起順時針方向）
魚類、蛙類、龜類、蠑螈等。

水生動物的環境需求

基本水質概念

多彩多姿的水生動物，來自世界各地不同的水域環境，如溪流、河川、池塘、湖泊等。水的性質、周圍環境的狀況（水流得快不快、是不是有水草植物、底部是不是有岩石堆或隱密的地方等）、原生棲地的溫度天氣等，都可能很不一樣。以水族箱來飼養時，必須事先把箱內環境布置正確。

對水生動物而言，「環境」就是水；而「環境的狀況」就是水的**物理性、化學性**與**生物性**因子的狀況。水質的項目很多且複雜，但與水生動物飼養最相關的水質項目，主要有**酸鹼度、硬度、溶氧**和**溫度**等。了解這些水質項目，就能向成功邁進一大步。

酸鹼度

水的酸鹼度就是「水的酸度」，指的是水裡一種稱為「氫離子」的物質含量。氫離子愈多，水愈酸；氫離子愈少，水愈鹼。當酸鹼度的數值等於 7 時，代表這個水是中性的；當大於 7 時，水是鹼性的——數值愈大、水質愈鹼；當小於 7 時，水是酸性的——數值愈小、水質愈酸。不同的水生動物，包括魚類，對於水裡面「氫離子」含量的偏好不一樣。換句話說，如果用酸性的水來飼養比較喜歡鹼性水的水生動物，牠一定會不開心，甚至生病死亡！

硬度

水的硬度，指的則是水裡另一些稱為「鈣離子」和「鎂離子」物質的含量。硬度愈高，表示這些物質的含量愈高。不同水生動物對於水的硬度有不同的偏好。飼養牠們時，應該依據牠們的偏好和需求來給予適當硬度的水。

溶氧

水的溶氧，也就是溶在水裡的氧氣含量多寡。和人類一樣，水生動物也需要呼吸氧氣。大部分水生動物（如螺類，蝦子，魚類，蝌蚪等）是透過鰓來吸收水裡的氧氣；兩生類（青蛙、蠑螈等）則主要透過溼潤的皮膚和肺部來獲得水和空氣中的氧氣；而澤龜則是需要把鼻孔伸出水面，利用肺部來從空氣中獲得氧氣進行呼吸。如果水中含氧量太低，需要從水裡獲得氧氣的水生動物會因為缺氧而窒息死亡。

水溫

絕大部分的水生動物是身體溫度會隨著外界環境溫度高低而受到影響的**變溫動物**——當水的溫度降低，牠們的體溫也會降低；而當環境溫度提高，牠們的體溫也會跟著上升。水生動物身體溫度的高低，會影響牠們的活力以及體內用以維持生命之作用的進行。每一種水生動物都有適合生存的水溫範圍，太低或太高都很有可能讓牠生病或死亡。

水質檢測與調整

　　既然水質對水生動物的飼養這麼重要，那麼，要怎麼知道家裡的水適不適合用來飼養動物呢？以本書中接下來要介紹的動物為例，絕大多數都可適應臺灣大部分地區的自來水。只要將自來水靜置一、兩天，以便去除水中氯氣之後，就可以直接使用了。即使如此，還是建議家長帶著孩子一起檢測家裡的水質，趁機認識每天都在使用的自來水。

　　檢驗水質很簡單，可利用水族館都有販售的基本水質檢驗試紙、試劑，依據產品說明書上的使用方法，約3~5個步驟就可以測出水質。最常見的水質檢測項目為**酸鹼度（pH）**、**硬度（dGH）**、**溫度**，以及後文將提到的**氨態氮**、**硝酸鹽**等。

　　如果想要飼養對水質有較特殊需求的動物，但家裡的自來水又不符合牠們所需時，該怎麼辦？不用著急，市面上有許多可調整水質的水族用水質調整劑，這類水質調整劑大多是酸性、鹼性或主要成分為鈣鎂離子的化學試劑，只要正確使用，對人體毒性很低。使用化學試劑來調整水質通常效果快速，需依說明書的建議使用量，甚至更低量來逐漸添加，且不可在水質調整完成前放入動物，否則動物會因為水質變化太劇烈而無法適應，結果造成反效果。除了化學試劑，也有人選擇使用較為天然的物質來調整水質，例如以**欖仁葉**和**泥炭土**來降低酸鹼度，使用**珊瑚砂**來提高硬度等。不論用化學試劑或是天然物質，調整水質後，一定要再次檢驗，以確認效果。

　　在本書中，豐年蝦是比較特別的例子，牠們是原產於帶有鹽分的水域環境中。如果想要飼養豐年蝦，需要在乾淨的中性淡水之中添加粗鹽或是海水素，將水中的鹽分含量提高。鹽分添加的比例請參考第 59 頁。

自來水曝氣去氯的方法

以容器盛取自來水，靜置 24 小時後即可使用。自來水中的餘氯是活性氯，很快就會轉成沒有活性和毒性的氯離子。如果有打氣機在水中打氣的話，則可以加快餘氯的去除喔！

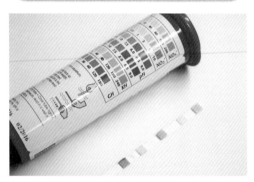

市面上販售的多合一水質測試紙。

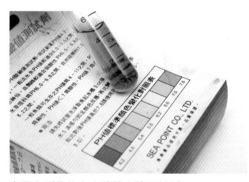

市面上販售的水中酸鹼度檢測試劑。

溫度計是測量水溫不可或缺的器材。

布置水族箱！

將水族箱依照水生動物的習性和喜好布置成適當的樣子，不僅能夠
增加美觀程度，更有助於讓動物在裡面感到安全，並增進健康狀況，
進而表現正常的行為，供親子共同觀察。不同水生動物在環境偏好
上可能有些不同，在 PART 2 物種介紹的單元中將更詳細解說。

在水族箱內做適當的布置，不僅能增加美觀程度，
更有助於讓動物們保有安全感，進而活得健康。

水生無脊椎動物與魚類

蝦類（米蝦、螯蝦等）通常喜歡攀附、穿梭或隱藏在水草、石頭、木材下方或附近。若非不得已，牠們會盡量避免處在空曠無遮蔽物的開放空間中，以免被天敵發現。蝦子很敏感，只要一有風吹草動，就會瞬間縮起尾部，用力彈射逃跑。所以，在飼養蝦類的環境中，最好要提供牠們躲藏或攀爬的物體，如**水草**、**石頭**、**沉木**等，以增加安全感。此外，少量的水草等資材也可以用來布置飼養水螅、淡水渦蟲和螺類的環境，牠們會附著、躲藏或緩慢移動於這些資材之間或底下。

飼養喜歡在水草間游動的魚類，可以鋪設一層底砂並種一些水草；若是飼養喜歡岩石堆疊環境的魚類，就多放一些石頭吧！

豐年蝦等浮游性的節肢動物則通常是飼養在「裸缸」中，也就是缸內沒有種植水草與放置木石等資材，只有裝盛飼育水。這種飼養方式不僅可以配合其攝食浮游性藻類與微生物的需要，對於觀察與繁殖操作也都很方便。

兩生類動物

常見的兩生類包括**有尾類**（也就是蠑螈）和**無尾類**（也就是蛙類），牠們的幼生期統稱為「蝌蚪」。蝌蚪沒有腳，有尾巴，用鰓呼吸，嘴巴較小，完全生活在水裡；等到蝌蚪變成蠑螈或青蛙（這個過程稱為「變態」）之後，才會長出腳，用肺部和皮膚呼吸，嘴巴也會變大。

如果兩生類動物是從蝌蚪時期開始飼養，則飼養方法和環境布置可以如法炮製前段所提之魚類的飼養。但若飼養的是兩生類動物成體時，環境的布置就必須要視種類而定。不同種類的兩生類動物，生活環境可能差異很大，環境布置大致上可以分為：❶ 全水域型；❷ 水陸交界型；❸ 乾燥型；與 ❹ 樹棲型。

飼養不同環境偏好型式的兩生類，水族箱或飼養箱的空間大小與方向、水陸域範圍的比例、環境布置用資材的使用等都不盡相同。關於各類型環境偏好之兩生類蝌蚪與成體的飼養環境布置，細節可參考 PART 2 的物種介紹單元。

各種常用來鋪設水族箱的底砂：（由左至右）矽砂、大磯砂、珊瑚砂。

水生爬蟲類動物

有些爬蟲類動物依水而居，最典型的代表就是鱷魚。不過，本書要推薦適合親子飼養觀察的水生爬蟲類動物，則是性情溫馴許多、體型也沒那麼大的常見澤龜類。在野外，澤龜大多生活在河流、湖沼等水流沒那麼湍急的水域之中，偶爾會爬出水面待在岩石上晒太陽。因此，澤龜的飼育環境必須要以大量的水體為主，並提供一些岩石、木頭或人工浮板（浮臺）讓牠們可以爬出水面。陽光中的熱能和紫外線有助於提供爬蟲類動物維持正常的生理功能，以及足夠的鈣質生合成。相較於水生無脊椎動物、魚類與兩生類，澤龜對於熱能和紫外線的需求較大一些。如果沒有辦法偶爾把澤龜（通常會連同飼育箱）置於陽光散射處讓牠們吸收熱能和紫外線，也可以在飼養箱上方裝設紫外線燈以及保溫裝置。

重量較重而可以沉入水中的木材，適合用來布置水族箱增加觀賞性，並營造適合水生動物的環境。

水族箱內也可以放置石材來布置。

水生動物的食物需求

基本餵食概念

　　不同水生動物對食物的需求都不盡相同。接下來，書中所介紹到的部分動物，所需的飼料無法直接從水族館買到，飼主必須自己培養準備。雖然準備的工作並不困難，但如果不願意或無法自行準備飼料，建議不要飼養這類動物，以免讓牠們挨餓、營養不良甚至死亡。

牠們都吃什麼？

　　體型細小的水螅是肉食性動物，就和海裡的海葵一樣，雖然身體常會固定在一個地方，但觸手會隨著水流擺動，捕捉游近牠的浮游動物，甚至是小魚蝦幼苗等小體型的動物，再送入口中。如果想要飼養牠們，可以到乾淨無汙染的農田水溝裡取一些表層水後靜置，再用滴管吸取表面用肉眼就可以看見的浮游動物，直接滴入飼養水螅的容器中供其捕食。如果不想外出採水蒐集浮游動物，也可以自水族館購買豐年蝦卵，自行孵化出幼苗來餵食水螅。

　　淡水渦蟲也是肉食性的掠食者，在自然環境中會分泌黏液、伸出管狀的「咽」來掠食其他動作緩慢，或是被黏液沾黏而動彈不得的小型無脊椎動物。對於飼養小型觀賞蝦的人而言，渦蟲是一種令人很頭痛的生物，因為牠們不僅會攻擊蝦苗，也很難從水族箱中徹底去除。因此，如果想要觀察淡水渦蟲超萌的外形，療癒的優雅動作，以及絕佳的再生能力，最好單獨飼養牠們。飼養時，以煮熟的蛋黃、生的雞肝或豬肝等餵食就可以，並且在每次餵食之後更換變濁的水，以維持水質乾淨。

市面上販售的各種魚飼料。

　　豐年蝦是以藻類、細菌等微生物或微細粉狀有機物碎屑為食的浮游動物。有些人會另外培養富含浮游藻類的「綠水」來餵食，亦有人直接投餵少量酵母粉、藻粉等作為其食物。

　　在自然界中，淡水螯蝦與小型米蝦多扮演「清除者」的角色，會以任何可獲得的動物性與植物性有機碎屑為食，甚至包括同類的屍體。不過，市面上也買得到專為小型蝦類營養所需而設計的飼料，讓餵食上方便不少。觀賞型米蝦的原種，也就是所謂的「黑殼蝦」，具有吃食小型藻類和有機碎屑的習性，常被水族愛好者飼養來清除水草或水族箱玻璃上有礙觀瞻的藻類，及幫助分解魚隻沒有吃完而掉落在水族箱底部的飼料。也有一些專業的觀賞型米蝦愛好者，會準備乾淨無農藥的青菜葉如菠菜等，用水煮軟之後投入水族箱中，為寶貝蝦子「加菜」。螯蝦和小型米蝦的食物選擇性相當高，準備上也還算容易方便。

淡水性的螺類通常為藻食性，會刮食岩石或木頭上附生的藻類；但如果環境中有其他的有機性碎屑，例如動物的屍體或飼料，牠們也會過去攝食。

魚類的種類非常多，對於食物的需求可分為三類，也就是**肉食性**、**植食性**和**雜食性**。在飼養魚類之前，必須要先確定牠們的食性為何，以免購買回家之後才驚覺不知道要餵牠們吃什麼。大致上，本書所建議的魚種中，絕大多數都可以從水族館購買到牠們可接受的飼料，僅需先向店家詢問即可，讓飼主在食物準備的負擔上降低不少。

除了一些特殊種類，多數兩生類幼生（蝌蚪）的食性皆為雜食性，通常以岩石上的藻類、有機碎屑為食；但如果環境中有動物屍體（如昆蟲、魚蝦甚至是同類），牠們也會成群聚集攝食。兩生類的成體食性則為肉食性，只要嘴巴裝得下且會動的，舉凡昆蟲、小魚蝦，甚至體型較小的其他兩生類動物，牠們都可以吃！

澤龜是雜食性，在野外會以捕捉得到的魚蝦等小型水生動物為食，同時也會攝取水生植物。在飼養箱裡進行飼養時，可以餵食牠們市面上販售的澤龜專用飼料，並偶爾補充一些新鮮乾淨的青菜葉與小魚蝦等即可。

想一想

{ 我們都需要乾淨的空氣、營養美味的食物，和一個舒適安全的家，才能每天都過得開開心心。水生動物也是一樣喔！ }

基本飼養器材

飼養容器

　　水蝨、淡水渦蟲、小型蝦類以及螺類等體型較小的動物，對於活動空間的需求都不算太大。對牠們來說，居住空間中有可附著的表面，或是隱密可供其躲藏的地方才是最重要的。因此，飼養這些動物時，飼養容器的大小選擇性較高，從罐頭大小的玻璃瓶，到容積更大的容器均可。其中，水蝨和淡水渦蟲能以較高的密度進行飼養。依經驗，在沒有過濾也沒有打氣的情況下，每公升水至少可飼養 10~50 隻。小型蝦類和螺類在沒有過濾與打氣的情況下，若容器內種植適量水草，白天並有足夠光線，每公升水可以飼養 5~10 隻；若有過濾與打氣設備，密度可以提高好幾倍。

　　體型較大的螯蝦，飼養時需要的空間當然也得大一些。牠們彼此之間具有爭鬥性，如果同時飼養超過一隻，最好將每一隻分開飼養在個別的容器中。如果覺得不方便，那麼就必須使用大一點的飼養容器，並且提供適量的木、石等資材來區隔空間。一般而言，市面上販售的 1 尺缸（長邊 30 公分）、2 尺缸（長邊 60 公分）或容積相仿的容器，比較適合用來飼養螯蝦。以 2 尺缸為例，飼養密度建議以不超過 6 隻（或 3 對）為限，並且提供 5~6 處可供每隻個體分別躲藏的地點。

　　飼養豐年蝦，原則上用容積約 1 公升左右的容器就可以；容積愈大，可飼養數量就愈大。

　　飼養魚類、蝌蚪、完全生活在水裡的兩生類以及澤龜時，也必須使用可以裝水的容器。為了方便進行觀察與觀賞，透明的玻璃水族箱，或是塑膠寵物盒就是最好的選擇。原則上，水族箱的大小要由欲飼養的動物和數量來決定。本書中建議的物種，多以市售 1~2 尺缸或類似尺寸的水族箱來飼養就可以了。

中、小尺寸的透明塑膠附蓋寵物盒適合用來飼養如螯蝦、鬥魚等會打架而需單獨飼養的水生動物。

過濾器

　　動物進食完畢後，過一段時間就可以觀察到牠們排泄出尿液與糞便。排泄物在水族箱中會被細菌分解，產生一種對動物有毒性、稱為「氨態氮」的物質。當水族箱中的動物愈大或愈多、餵食的食物量愈多，就會產生愈多氨態氮。當氨態氮的累積量超過動物可忍受的範圍，動物就會開始因為中毒而身體虛弱，並且容易受到其他病源的感染，甚至死亡。因此，為了維護水生動物的健康，必須設置過濾器淨化水質，去除排泄物，把毒性比較高的氨態氮轉變成另外一種毒性很低的「硝酸鹽」。

　　水族箱過濾器的種類和規格很多，但基本原理都大同小異，也就是透過一些可以過濾水質的材料（簡稱濾材），將水中的髒東西攔截下來，或是培養出好細菌（硝化菌）來把高毒性的氨態氮轉變成低毒性的硝酸鹽。透過清洗與更換濾材，可以將髒汙移除；透過少量換水，可以逐漸把硝酸鹽也一併移除。如此，就可以確保水族箱的水質乾淨無虞。

　　適用於小型水族箱的過濾器有——

氣舉式過濾器

　　搭配打氣泵一起使用的簡易型過濾器。利用打氣泵產生的氣泡，帶動水流流經過濾棉，進行過濾作用。氣舉式過濾器相對便宜，但過濾棉體需浸置於水族箱中，故較占箱內空間。

外掛式過濾器

　　可以掛附在水族箱壁上的過濾器。內附的馬達會驅使水流流經過濾器內的濾材進行過濾作用。外掛式過濾器較不占水族箱內空間，水流流速多可調整，外形也較美觀，是近年來十分受歡迎的小型水族箱用過濾器。

外掛式過濾器。

氣舉式過濾器 ❶ 需與打氣泵 ❷ 搭配使用。

一定要安裝過濾器嗎？

飼養水蟲、淡水渦蟲與豐年蝦時，通常不會設置過濾器，以避免牠們潛入或被吸入過濾器內。水質的維持，完全仰賴控制餵食以及定期換水。

飼養小型米蝦類與淡水螺類時，若飼養的密度較高，則需搭配過濾器以維持水質乾淨與足夠的溶氧。如果不想使用過濾器材，飼養密度就不可過高，並需搭配水草與足夠的光照，以行光合作用產生氧氣。

雖然螯蝦對低溶氧環境的容忍力通常較高，但因為牠們的食量較大，食物中的動物性蛋白質含量也不低，排泄物容易汙染水質。因此，仍建議設置過濾器材。

至於魚類、兩生類和澤龜，因為牠們的種類繁多，需求也不盡相同。如果不知道家裡的水族箱和欲飼養的水生動物適合使用哪一種過濾器，請直接向水族館店員進行諮詢與討論。

上部過濾器

放置於水族箱正上方的過濾器。透過馬達將水族箱內的水帶進上方過濾槽中進行過濾作用後再流出。它的外形較笨重，產生的水流較快，噪音較大聲，也會占去水族箱上方可放置燈具的空間，故常被認為不適用於飼養小型或較為文靜的水生動物。不過，上部過濾器的過濾空間較大，濾材的擴充性較高，淨化水質的效果也因此較佳。如果飼養的是喜好水流較快、水中溶氧需求較高、或是排泄量較大的水生動物時，上部過濾器會是一個好選擇。

沉水式過濾器

將過濾部位與可沉水式馬達聯結在一起，並一起沉入水中運作的過濾器。使用時，可以依據馬達擺設的位置以及出水口的方向來調整水流方向。另外，出水口也可以搭配連接雨淋管，將水流引出水面再落下，在飼養箱中營造出下雨或瀑布的效果，十分適合水陸兩棲類的飼養箱。

沉水式過濾器。

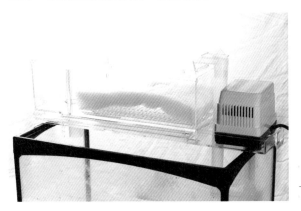

上部過濾器。

燈具

在水族箱上方設置燈具，能建立水生動物的日夜週期，讓水草進行光合作用，並且有助於直接觀察時的清晰度。水族館均有販售適用於水族箱各種不同規格（長短尺寸、功率、燈源種類）的燈具，可直接向店員諮詢以獲得具體的建議。

此外，飼養某些爬蟲類如澤龜時，可能會需要裝設額外的紫外線燈具來提供足夠的紫外線。

控溫設備

臺灣氣候四季分明，夏季的高溫或是冬季的低溫，對某些水生動物來說不見得是適合的溫度範圍。此時，為了避免飼養的動物因為溫度過高或過低而出現不適、疾病甚至死亡的情形，就必須依據飼養的動物種類與實際狀況，在飼養環境或容器中安裝控溫設備。

加溫設備

水族館裡販售的觀賞魚，通常都是原產於亞熱帶與熱帶地區，適應的水溫常介於 20~30℃ 之間。然而，臺灣冬天的氣溫常會低於 20℃，寒流來襲的時候更可能低於 10℃。這麼低的溫度，很容易會讓飼養的魚類生病死亡。因此，在秋冬期間，需視實際狀況在水族箱中使用加溫器以讓水溫維持在魚隻適應的範圍之內。常見的水族箱用加溫器是棒狀的，因此也被稱為「加熱棒」。市面上有多種不同功率規格的加熱棒以及控溫器可供選擇，僅需在購買前告知家中水族箱的大小和飼養的魚類，並請店員推薦即可。

爬蟲動物寵物店也有販售一種片狀的加熱片，可以墊在寵物箱底下，以維持整個箱體環境的溫度，適用於箱中水體不夠多而無法裝設水族用加溫棒的情況。此外，亦有燈泡式的爬蟲動物用加熱燈具，可以裝設在飼養箱上方，提供定點式的熱源，讓有需求的動物主動接近或遠離。

降溫設備

飼養水生動物時可能會需要的降溫設備以風扇和冷水機為主。不過，以本書中所介紹的水生動物為例，在室內飼養牠們時，只要保持飼養環境的潔淨和通風，夏天通常不太需要額外的降溫設備。

適用於水族箱中的加熱棒。

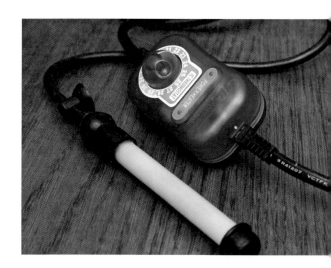

健康的魚除了外觀正常、無腫脹出血外，食慾也很好。

挑選健康的水生動物

取得途徑與挑選要領

水蝨、淡水渦蟲有時會由水草夾帶進入水族箱中，但因為牠們會捕食小魚蝦苗，常被視為不速之客，是水族館或水族飼養者急欲去除的生物。因此，如果想要飼養牠們，可以試著向水族館或資深的水族愛好者詢問，看看他們是否能從水族箱裡抓取到。豐年蝦則通常是購買休眠卵回家進行孵化後，再飼養長大，上述幾種動物較無挑選的問題。

小型的米蝦類、淡水螺類以及螯蝦可以直接在市面上購買取得幼體或成體，或是自乾淨的水溝、池塘、小溪等水域裡採集到。挑選時，請注意牠們的活力以及外觀——若米蝦和螯蝦的肉身泛白，活力不佳，螯腳有嚴重斷裂缺少，就盡量避免購買。淡水螺類若在物體表面的附著力差，殼上有白化或蛀孔，肉足垂出，被碰觸或刺激後都不會往內縮，也盡量不要選購。

除了某些特殊習性的魚種之外，大部分正常而健康的魚類會有以下外觀行為表現，請在購買前先仔細觀察一下：魚鰭和身體上沒有異物、非原生性的紅、白或黑色點塊斑或滲血發炎；魚鰭展開且無或少破損，體型正常且沒有駝背畸型或腹部內凹；泳姿平穩，沒有浮頭或沉底；食慾良好，索食主動。

蝌蚪的選購與魚類類似，以體表沒有明顯傷口與紅斑，活力佳且食慾旺盛的個體為挑選原則。健康的兩生類動物成體，體側需平滑溼潤，無紅腫傷口，體表無分泌顏色異常或白濁的黏液，腹部沒有異常腫脹或過度消瘦，雙眼明亮。此外，大部分健康而有活力的兩生類動物，只要稍微觸碰即會躲避或跳開。

挑選澤龜時，要注意其皮膚是否有潰爛、脫皮的現象，龜殼部分是否有軟化、穿孔、潰爛等情形。此外，如果澤龜的活動力太低，懼水，甚至無法潛入水下或身體歪斜等，都是不健康的表現，絕對要避免選購。

新魚對水第 1 步：在打開袋子前先進行適溫。

新魚對水第 2 步：打開袋子後，少量多次地將水族箱中的水加入袋子裡，重覆多次直到袋子裡的水是原本的兩倍以上為止。

帶回家之後

水蟎和淡水渦蟲取得後，可以直接移到飼養容器中讓牠們自行適應環境。但小型米蝦、淡水螺類、螯蝦和魚類，則需要一些處理步驟。從水族館中購買魚蝦回家之後，千萬不要把塑膠袋裡的水和動物一下子全部倒入水族箱中，否則原本適應水族館水質的魚蝦，可能會來不及適應家裡水族箱中的水質，產生急性的休克甚至死亡；另一個風險是，來自水族館的水可能帶有病原，直接倒入會汙染家中水族箱。因此，除了在購買時要請店員挑選健康、無傷無病的魚蝦之外，購買回家之後一定要先「對水」，讓魚隻逐漸適應水族箱中的水質。

兩生類動物和澤龜買回家後，只要確定飼養箱裡的水是潔淨的中性水，水溫沒有太過極端後，輕緩地把動物移入飼育箱中即可。不過，蝌蚪或完全生活在水裡的兩生類動物，則最好也要經過對水步驟。

對水的方法

1 打開袋子前，把魚連同袋子一起浸入水族箱的水中約半小時左右，讓袋內的水和水族箱中的水溫度逐漸一致。

2 打開袋子，緩慢地把水族箱中的水少量多次地舀入袋中，讓魚在袋子裡逐漸適應新水質，直到袋中水量達原本的兩倍以上。如果袋子裡的魚隻比較多，怕魚在對水過程中缺氧的話，可以使用氣泵接出打氣管在袋中稍微打氣。

3 用網子把魚從袋子中撈出，小心放入水族箱，並將原塑膠袋中所有的水丟棄。

想一想

當我們進到一個新環境時，一定會很害怕、很緊張，甚至會出現身體不舒服的反應。水生動物也是一樣喔！

觀察水生動物

飼養水族動物，不僅很有樂趣，飼養過程中更能透過觀察，目睹萬物的奧妙，並且學習尊重生命與欣賞生命之美。親子共同飼養動物時，在家長適時的引導與協助之下觀察動物，能培養孩子的**好奇心**、**觀察力**與**專注力**，更是親子感情與理性交流的好時機。

然而，飼養動物的工作常脫離不了枯燥乏味的日常管理，如果只是不斷用沉重的理由來試圖說服孩子，例如「責任感」，那麼孩子很快就會失去熱忱與興趣，飼養的工作反而會落在家長身上。

培養**責任感**與**尊重生命**需要長時間潛移默化，不需急於一時。能在第一時間激發孩子動力的是：「有不有趣？好不好玩？」如果在飼養水族動物的初期，正確地逐步引導孩子，共同發掘飼養、觀察的樂趣，孩子將會非常積極主動、雙眼發亮。因此，在開始飼養水生動物之前，先了解觀察方法和重點，才能徹底享受水族之樂。

{ 孩子責任感的培養，需長時間潛移默化。
「有趣好玩」才能激發第一時間的行動力！ }

觀察焦點

　　不論什麼動物，觀察重點不外乎牠們的**外觀**以及**行為**，飼養在水族箱或寵物箱裡的水生動物也不例外。本書中所介紹的水生動物，不論於外觀或行為上都各具特殊性，能讓飼主體會水生動物的多樣性。書中也會提出關於牠們的獨特之處，讓家長快速捉到重點，進而用孩子習慣的用字或語氣來引導他們進行觀察與學習。

外形

外形通常是觀察動物時的第一印象，重點包括：

❶ **尺寸大小**：動物身體的長度、高度與寬度是多少？

❷ **身體軀幹的樣子和相對位置**：身體是身條型的、扁平型的、紡錘型的、兩側是扁的，或是其他形狀？頭、身體與尾的相對位置是如何？

❸ **觸手、附肢／四肢（例如魚鰭、前後肢等）的有無和數量**：有沒有觸手、附肢或四肢？數量是幾個（條／片）？這些肢體的外形有沒有不一樣？

❹ **外觀上可以分辨的構造以及數量**：有沒有可以清楚分辨的部分，如頭、軀幹、尾巴？有沒有嘴巴、眼睛、鼻孔、鰓（鰓蓋）、鱗片？數量多少？

❺ **動物的外形是否會改變**：外形是否會隨著發育時期不同而改變，例如蝌蚪變青蛙？是否會隨著不同的外來刺激而改變？

顏色與紋路

除了外形之外，不同種水生動物的身體各部分顏色及紋路也都不盡相同，常常也是生物學家用來區分相似物種的依據之一。因此，動物身體上顯而易見的顏色與紋路自然也是值得觀察的重點，包括：

❶ **體表顏色**：身體上各部位的顏色為何？顏色分布的範圍多大？深淺如何？顏色是否會隨著發育時期、健康狀況與行為不同而有所變化？

❷ **體表紋路**：身體上各部分有無任何紋路？紋路的型式為何？紋路是否會隨著發育時期、健康狀況與行為不同而有所變化？

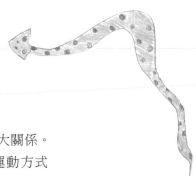

運動

動物的運動方式,與其種類和構造有很大關係。
以本書介紹的水生動物為例,牠們的運動方式
可以分為幾大類型:

❶ **附著於物體表面而少有明顯移動**:例如水螅。
其身體尾端大多數時間會固定附著在一個地方
不移動,但身體和上方觸手則會在水中擺動,
捕捉浮游動物或小魚蝦為食。

❷ **隨意在物體表面滑行**:例如渦蟲、螺類等。
渦蟲是整個身體完全貼附在物體表面,以擺動
其腹面細微且肉眼不易見的纖毛來進行滑動。
而螺類,也就是被稱為腹足類的軟體動物,則
是利用位於身體腹面的肉足之肌肉收縮與黏液
的分泌在物體表面上移動。

❸ **隨意在水裡游動**:例如豐年蝦等甲殼類動物
與絕大部分的魚類,都是能在水裡隨意游泳運
動的水生動物。牠們身上都有負責保持平衡與
划水的附肢或魚鰭構造,再加上順應水流的流
線體型,讓牠們能在充滿阻力的水中活動自如。
這些動物使用鰓部呼吸,故無法離水。

❹ **在水中游動,與在水下物體表面上爬行移動**:
例如米蝦。牠們同時具有發達且不同功能的腳
(附肢),不僅可以在水中游泳,也可以在水
底或水草植物的莖葉上爬行尋找食物。同樣地,
牠們使用鰓部呼吸,無法長時間離水。

❺ **可同時在水裡和陸域運動**:如兩生類(除了
少數種類例外)與澤龜。牠們可以使用皮膚或
肺部從空氣中獲得氧氣進行呼吸,而非靠鰓部。
兩生類成體和澤龜類不僅有強健的四肢,有些
種類也特化出有利於在水中游泳的構造,也就
是腳蹼,使牠們在水裡和陸地上都可以生龍活
虎地運動。不過,兩生類的幼生,也就是蝌蚪
則需靠鰓部呼吸。

攝食

豐年蝦四處游動，過濾攝取水中微生物為食；水螅身體固定不動，觸手會擺動捕捉隨著水流而來的小生物；渦蟲會爬上或纏上動物屍體或有機物碎屑，伸出咽喉攝食；米蝦、螯蝦等會用附肢撿食底質上任何動植物有機碎屑後迅速塞入口器中；螺類攀附在水中物體表面以齒舌刮食藻類；各式魚類、兩生類與澤龜類則會主動接近、捕捉與攝取食物。

有些人會認為，用小魚小蝦來餵食大魚，或用活的昆蟲來餵食魚類、兩生類與澤龜，好像有點殘忍。不過，在大自然的運作之下，肉食性動物攝取動物性來源的餌食，其實就跟植食性動物攝取植物性餌食一樣自然。透過動物攝食行為的觀察，以及對其食物性質偏好的連結，有助於讓孩子了解大自然運作的各個面向。倘若真的無法接受餵食活體，市面上也有販售一些替代性或已處理過的餌料產品，供食肉性動物的飼主選擇。

繁殖

繁殖是生物維繫族群的關鍵，所有存在於自然界中的正常生物都能夠、也必須進行繁殖來產生子代。生物的繁殖大致上可以分為始於雌性和雄性配子體（即卵與精）結合的「有性生殖」，以及不經由雌雄性配子體結合的「無性生殖」。本書所介紹的水生動物大多數都行有性生殖。不過，水螅和渦蟲除了有性生殖之外，也會行無性生殖。

不同的水生動物，為了能有效延續族群，繁殖時採取的方式和策略也不盡相同。有些會產生休眠卵以渡過不適合的季節或環境；有些會有親代保護卵和子代的行為；有些則是採取「卵海戰術」，以產下數量驚人的卵來增加子代存活的機會。在本書中，若是具有特殊繁殖行為與模式的水生動物，均會進一步介紹，甚至說明如何在水族箱中讓牠們進行繁殖。除了繁殖行為，也就是交配和產卵之外，親代為了繁殖所衍生出來的體色花紋變化、外觀與行為的改變等，也都是能夠與孩子一同進行觀察的重點。

競爭

為了食物、空間、階級,或配偶,許多水生動物都會出現競爭行為。有的不太明顯,有的十分明顯,有的甚至會打得你死我活。本書介紹的水生動物之中,以螯蝦、魚類、兩生類和澤龜的競爭行為較容易觀察得到。個體之間的競爭行為依先後順序大致上包括:

❶ 肢體尚無互相碰觸的叫囂與作攻擊貌,如體色轉為鮮豔、鰭撐開、螯腳張開,嘴、喉部或身體撐大等。
❷ 肢體碰觸的攻擊,如口咬、推擠、螯夾。
❸ 勝負已分的追逐與驅趕。

有些在天性上競爭行為較明顯且攻擊力強的水生動物,在飼養空間小、環境單調或體型差異過大的情況下,容易產生較為不幸的後果,像是身體或附肢受損斷裂、體表出現傷口,甚至因為併發嚴重的感染而死亡。

因此,當發現飼養的動物出現互相競爭的行為時,更需仔細觀察。一旦觀察到有任何一方出現受傷或受到極度緊迫的情況,就要進行隔離。當然,有些已知不適合多隻一起共同飼養在有限空間中者,例如螯蝦、角蛙等,一開始就必須有「一缸養一隻」為原則的正確飼育規劃。

觀察水生動物時,通常會使用肉眼,從原本的飼養容器外進行觀察。
因為,唯有在穩定而未受干擾的情況下,動物才會表現出正常的行為。
至於外形與構造的觀察,除了肉眼之外,對於身型較小的動物,或是
欲觀察的構造較細微時,有時就會需要將牠們移出原本的飼養環境,
近距離來進行,甚至視情況使用適當的觀察記錄工具。

觀察的原則與方法

不論飼養的是哪種水生動物,若想觀察到牠們的正常外觀與行為,
請把握幾個原則:

❶ 將動物飼養在足夠的空間與合適的環境之中。

❷ 提供營養且充足的食物。

❸ 盡量避免驚嚇動物,並降低打擾的頻率。

❹ 尊重動物的意願,不應為了觀察或其他理由而做出任何傷害、
危害其生命的事。

以肉眼進行觀察

　　為了方便觀察，最好選擇透明的飼養容器，例如玻璃水族箱或透明塑膠寵物盒。如此一來，飼主就可以在不移動容器、容器內的環境及動物的情況下，以肉眼欣賞容器內的小天地。

　　不過，既然飼養容器是透明的，容器裡的水生動物也可以感受到外面的光影變化。水生動物對光影變化很敏感，如果飼主在靠近飼養容器時動作太快，或把臉貼得很近，動物們的第一個反應往往會是因為受到驚嚇而躲避或亂竄。因此，觀察時，記得盡量把動作放慢、放輕，才不會嚇到動物。經過長時間飼養，許多水生動物（包括魚、蝦、兩生類和澤龜等）會習慣人影的出現與食物的投餵。此時，就算是近距離觀察，也較不會引起動物騷動。甚至，牠們會主動靠近飼主索討食物呢！

撈取或抓取動物

　　原則上，除了兩生類和澤龜之外，建議盡量不要動手撈取水生動物、使牠們離水，否則牠們會因為身體失去水分、無法呼吸而乾死和窒息。至於用肺呼吸的兩生類和澤龜，也需盡量減少直接徒手抓取牠們的次數，一來是為了避免動物因為頻繁的干擾而受到驚嚇與緊迫，二來則是為了保護飼主，盡量減少直接接觸到動物身上可能會引起人類不良反應的分泌物與病原，以及被動物咬傷、抓傷或夾傷的機會。當然，不論是餵食或抓取動物，完成觀察之後記得一定要提醒孩子把雙手清洗乾淨。

　　不過，當想要觀察身型較小的水生動物，或是想看清楚動物身上較細微的構造時，有時的確會需要把牠們「請」出原本飼養的容器。為了避免動物在被移出的過程中受到傷害與過大的驚嚇，不論是大人或小孩，在操作時都需要保持專注力，放輕動作，並使用適當的工具來撈取與觀察。

使用透明容器來飼養水生動物，有利於日後以肉眼直接進行觀察。

撈取的工具

要移動水蝨、渦蟲或豐年蝦的幼生等體型較小的水生動物，可以使用滴管。操作時，先將滴管上端膨大的部分，也就是「乳帽」按下以排出空氣後，再將下端管身小心地伸入水中，將管口接近動物所在的位置附近，接著放開乳帽，順利的話，動物會連同水一起被吸入滴管中。之後，迅速地拿出另外準備好且易於觀察的小容器，輕緩地按下乳帽，將動物和水一同排出至該小容器中。觀察完畢之後，依同樣的方法，將動物和水再以滴管移回原本飼養的容器中即可。

市面上販售的手撈網有多種尺寸與網目，視實際需求進行選擇即可。

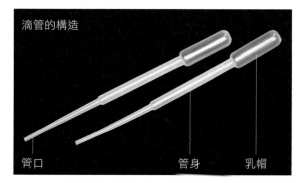

滴管的構造

管口　　　　　管身　　　乳帽

水蝨通常會固定在物體表面，渦蟲也會附著在原本飼養容器的內壁。要移動牠們時，視情況可能會需要先使用滴管吸水後輕沖，使牠們脫離後，再用滴管吸取起來。

撈取移動其他大部分體型較大的水生動物，包括蝦類、魚類、螺類、兩生類和澤龜，則可使用水族館販售的手撈網。使用時，以手握著網柄，將網身伸入水中撈取動物即可。手撈網有多種不同的網目和大小可供選購。其中，網目較細者，甚至可以用來撈取較大的渦蟲個體和豐年蝦的成蟲；但使用時受到的阻力相對也較大。而網目較大者，使用較為省力，但若撈取體表有棘刺構造的動物時容易勾到，如魚的鰭條、蝦子的額角和附肢等。

撈取水生動物的正確方法

1　以網子撈住動物後，不離水，只以網身緊貼水族箱壁。飼主可以在此時透過水族箱的玻璃（或塑膠寵物盒的透明壁）近距離觀察牠們。

2　若觀察工作可在數秒之內完成，有需要的話，可輕輕拿起手撈網讓動物稍離水，迅速觀察完畢後隨即讓動物回到水中。

3　若觀察工作需較長的時間，可事先準備另外一個適合觀察的透明小容器，並把動物利用手撈網小心移至該容器當中。

4　若欲觀察的是動物所脫落下來的身體構造，例如蝦子脫下的殼，魚類因為磨擦或競爭打鬥所掉落的鱗片等，可以用鑷子直接伸入水中夾取出來即可。

以網了撈住動物並緊貼水族缸壁面，在不使
動物離水的情況下即可近距離觀察牠們。

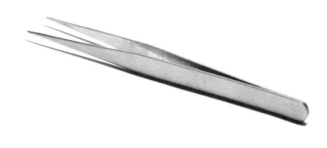

鑷子可以用來夾取從動物身上脫落
下來的硬質構造。

觀察與記錄工具

除了用肉眼觀察外，使用一些適當的工具，可以讓水生動物的觀察和記錄變得更為清楚而輕鬆有趣，尤其當對象是體型較小的水生動物，或是動物身上較細微而不易觀察的構造時。

放大鏡能把物體影像放大，樣式、材質和放大倍率的選擇多樣。每一把放大鏡都有其最適合的焦距，也就是鏡片的鏡面至觀察物體間影像最清楚的距離。除了參考放大鏡上的標示之外，使用時也可以直接將鏡面與觀察物體平行放置後，以垂直方向移動，直到透過鏡面所形成的影像逐漸放大並達最清楚為止。

用數位相機拍攝水生動物，是記錄影像最方便且快速的方法之一。其也易於傳輸至電腦中，之後進行儲存、統整、編輯、放大與比對等工作，對於觀察水生動物外形構造上有很大的幫助。

此外，由於智慧型手機的普遍，因應手機的照相、影像編輯與傳輸功能，市面上出現多樣化的手機相機鏡頭專用配件，讓手機也能拍出畫質與效果不輸數位相機的影像，當然也可以用來觀察與記錄水生動物。近年，臺灣更有創新廠商開發出智慧型手機專用的外接顯微鏡與放大鏡設備。相對於傳統的生物顯微鏡或放大鏡，此種手機顯微鏡與放大鏡的體積小，易於收藏與隨身攜帶，造價便宜，取得門檻低。而且，智慧性手機透過這種顯微鏡頭所拍出來的放大影像解晰度十分足夠，應用於業餘的觀察與攝錄影綽綽有餘。因此，對於喜愛顯微觀察和影像記錄的大人小孩而言，這種產品是觀察水生動物的實用工具。

透過智慧型手機與相容顯微鏡的合併使用，可以讓孩子
清楚觀察水族動物身上較細微的構造與形態。

PART **2**

正式開始

適合親子飼養觀察的……

水生無脊椎類動物

相對於**脊椎動物**，**無脊椎動物**就是身體背側沒有脊椎骨的動物。舉凡一般人熟悉的海葵與水母（屬於刺胞動物）、海星與海膽（屬於棘皮動物）、蚯蚓（屬於環節動物）、螺貝類（屬於軟體動物）、螃蟹和蝦子（屬於節肢動物）等，都是無脊椎動物的一員。無脊椎動物的種類很多，於外形、尺寸、構造、生理作用、生活與繁殖方式均相當多樣化。

部分水生無脊椎動物的飼養難度不高，可以由家長引導孩子一同進行飼養觀察，甚至布置合適的環境讓牠們繁殖。淡水蝦類和螺類都可以在水族館中購得，或於都市近郊的水域裡採集到，養起來也很容易。除此之外，若遇到因購買水草或砂子而「搭便車」一起住進水族箱中的無脊椎動物，只要視情況繼續在水族箱中或單獨移出飼養，同樣也很適合讓孩子觀察，是能讓人認識自然萬物千姿百態的好寵物喔！

在都市近郊未受汙染的水域裡，可以發現許多蝦螺等淡水性無脊椎動物，不妨帶著孩子就地進行觀察與採集。

適合親子飼養觀察的……
水生無脊椎類動物

{ 接下來,將列舉一些適合親子共同飼養觀察的水生無脊椎動物,以及它們的小檔案。只需要簡單設備和基本認識,就能開始飼養這些特別的動物了! }

暗藏武器的優雅舞者

刺胞動物類

水螅

刺胞動物的成員，包括海裡的珊瑚、水母和海葵，以及牠們生活在淡水環境中的親戚——水螅。牠們的身體呈現輻射對稱，經常有觸手。刺胞動物的身體正中央有一個開口，這是牠們的嘴巴，也是肛門。刺胞動物的觸手或身體上分布許多稱為「刺胞（或刺絲胞）」的構造，在感受到外在刺激或碰觸時會射出刺針，並分泌毒素以麻痺或毒殺對方。這個「刺胞」是刺胞動物最重要的防禦與掠食利器，也是牠們名稱的由來。所以，家長也要記得告誡孩子，當在海邊看到水母或海葵時，千萬不要直接用手觸摸牠們，要是被牠們的刺胞螫到，可是會又紅又腫，痛好幾天呢！

水螅是刺胞動物中，少數生活在純淡水環境中的成員。牠們常會附著在固定位置上，但也會視狀況稍微移動。牠們的體型雖然小，一般而言約 0.1~0.5 公分左右，但也還在肉眼可以觀察得到的範圍。水螅的身體為管狀，上端口部的周圍有數根小觸手，被牠們的刺胞螫到，雖然不至於對人類造成明顯的疼痛感，但已足夠讓小魚蝦苗與浮游動物麻痺而被其觸手捕捉了。也因此，水螅有時會被視為水族箱中的不速之客；但牠們特殊的外形和行為，十分適合親子共同飼養與觀察。

水螅的繁殖方式也很特別，牠可以進行**有性生殖**，也可以進行**無性生殖**。其中，產生精和卵並受精發育的「有性生殖法」較難觀察到，但是進行「出芽生殖法」的無性生殖卻可以直接以肉眼觀察。水螅進行出芽生殖時，原本管狀的身體上會分枝出另一個芽狀個體，就像樹枝上長出新芽一般。之後，這個新生的「分枝」就會與母體分離，成為獨立個體。

水螅常附著在水草上，被無意間帶入水族箱之中。

動物界｜刺胞動物門｜水螅綱｜螅形目｜水螅科

水螅
Hydra sp.

體長：0.1~0.5 公分

棲息環境：淡水池塘、沼澤、湖泊等

食性：肉食性

食物：小型浮游動物、魚蝦幼苗等

餵食頻率：1~2 天餵食 1 次，每次少量餵食

飼養所需空間與容器：100~500 毫升透明塑膠或玻璃容器

水質過濾：不需裝設過濾器

打氣：可，沒有也沒關係

環境布置：裸缸，或鋪設底砂種植些許水草

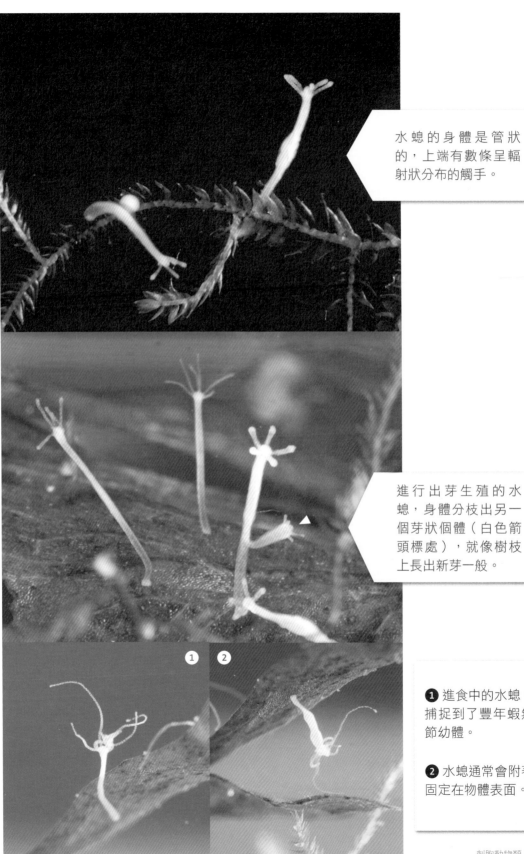

水螅的身體是管狀的，上端有數條呈輻射狀分布的觸手。

進行出芽生殖的水螅，身體分枝出另一個芽狀個體（白色箭頭標處），就像樹枝上長出新芽一般。

❶ 進食中的水螅，捕捉到了豐年蝦無節幼體。

❷ 水螅通常會附著固定在物體表面。

低調潛行的不死之身

扁形動物類

淡水渦蟲

在山上道路旁的小水窪之中翻翻看
落葉或石頭，經常可以採集到淡水
渦蟲喔。

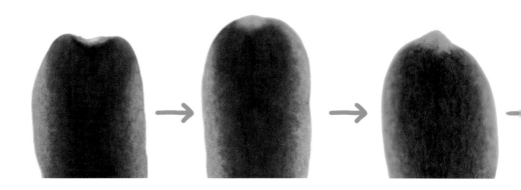

在家中飼養淡水渦蟲時，可以在水
中種植水草供牠們攀附躲藏。

扁形動物是一群身體左右兩側對稱但背腹扁平的無脊椎動物。牠們大多構造簡單，缺乏呼吸循環的器官和系統，所以必須透過扁平的身體構造來讓氧氣和養分直接滲透吸收、傳送。扁形動物的種類很多，依照牠們的生活方式可以大致上分為**寄生性**和**非寄生性**兩種。其中，能夠被飼養的扁形動物，主要為不會寄生在其他動物或人體上的淡水渦蟲。

淡水渦蟲是大約 0.5~2 公分大小的白、淺褐、深棕或灰黑色的長型扁平狀軟質動物。在野外，牠們常會棲息在郊區或山上乾淨水域的底部、水下植物落葉背面等處。飼養在水族箱中時，牠們同樣會在水域底層、石頭底部、水草葉背等處活動。有時，也可以在水族箱的玻璃壁上看到牠們正緩慢地滑行。

從淡水渦蟲移動的姿勢，可以區分出朝前面（頭部）、朝後面（尾部）、朝下面（腹面）以及朝上面（背部）等部位。淡水渦蟲有數百種，常見的種類頭部兩側有三角形突起的「耳」，頭部有 2~3 顆眼睛；腹面中央靠前側的位置有一個開口，連接著稱為「咽」的管狀構造，咽則直接連接至體內的消化器官——「腸」。一般而言，淡水渦蟲是肉食性的，搜尋到食物後，會把咽翻出來像吸管一樣攝食。

淡水渦蟲除了外形獨特之外，也有一些很特殊的生物特性。其中最有趣的，就是牠有很強的再生能力。如果牠的身體斷裂成兩至多個片段，每一個片段上缺少的部分都能夠重新長出，並在數天之後長成一隻隻獨立完整的新渦蟲。除此之外，為了繁殖下一代，淡水渦蟲可以進行精子和卵子結合的有性生殖，也可以進行無性生殖（也就是透過自主性地讓身體斷裂成數片之後再生）。

另外，雖然從外表看不出來，但淡水渦蟲的頭部裡面其實具有一個類似高等動物腦部的神經構造，被認為是兩側對稱動物之中最原始形態的腦，十分引起生物學家的研究興趣。

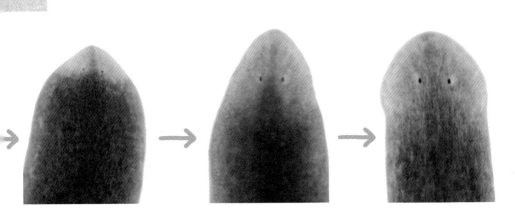

渦蟲的頭部再生過程。

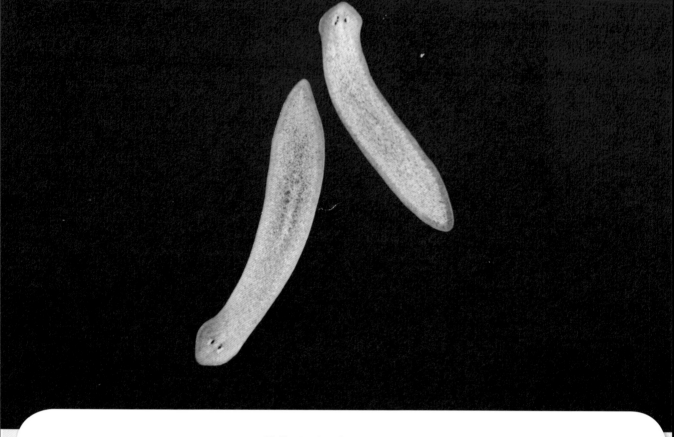

動物界｜扁形動物門｜渦蟲綱｜三腸目｜三角渦蟲科

淡水渦蟲
Dugesia sp.

體長：0.1~0.5 公分

棲息環境：淡水池塘、沼澤、溪澗等

食性：肉食性

食物：熟蛋黃、生雞肝等

餵食頻率：1 週餵食 1 次，每次讓其吃飽自然離開食物為止

飼養所需空間與容器：100~500 毫升的透明塑膠或玻璃容器

水質過濾：不需裝設過濾器

打氣：可，沒有也沒關係

環境布置：裸缸，或鋪設底砂種植些許水草

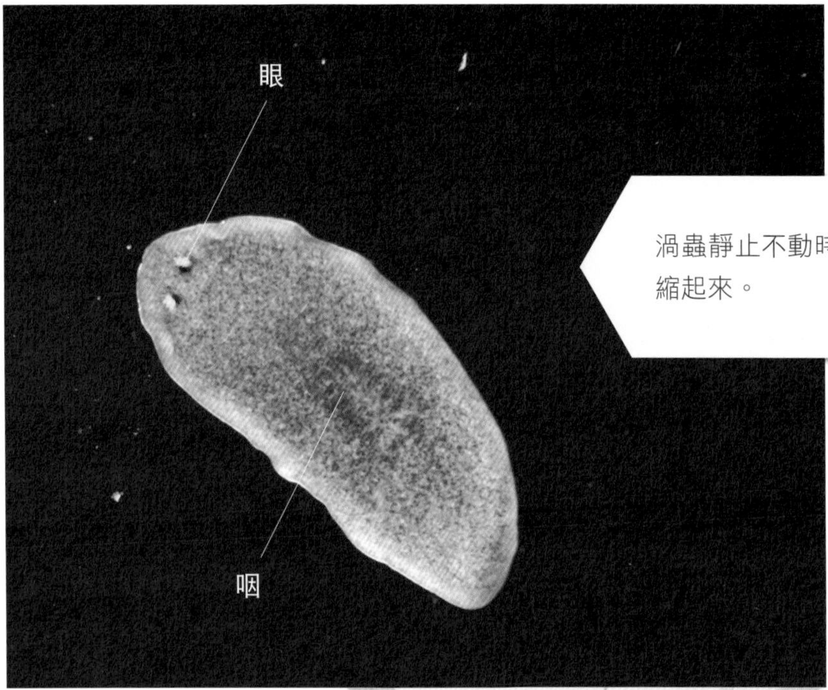

眼

渦蟲靜止不動時，身體會縮起來。

咽

❶ 渦蟲的卵繭。
❷ 吸附在雞肝上進食的渦蟲。

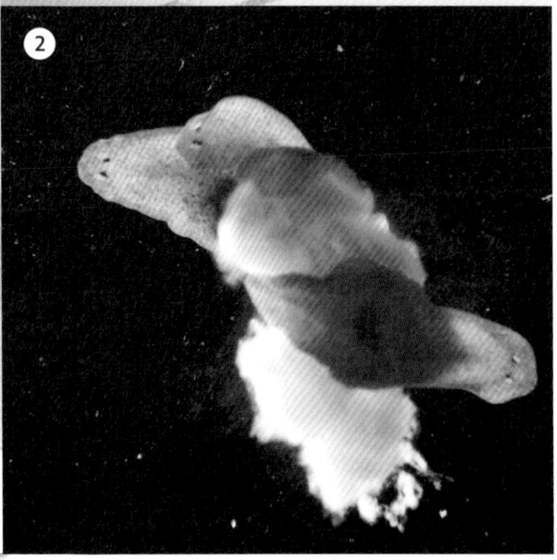

❶

❷

渦蟲會攀附在水草莖葉上。

披著冑甲的機關人

節肢動物類

豐年蝦   美國螯蝦
米蝦   粗糙沼蝦
大和米蝦

如果在孵化與飼養密度不高的情況下飼養豐年蝦，可以使用小型的玻璃水族箱並採裸缸方式來進行。

飼養米蝦時，可以種植大量的水草供其躲藏和攀附。

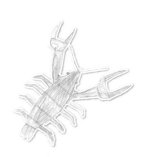

節肢動物的物種多樣性是所有無脊椎動物裡最高的，牠們主要的特徵有——體表包覆一層質地堅硬的外骨骼；身體左右兩側對稱，身體和附肢（觸角、腳等）均有分節，節與節之間有關節，可靈活運動。隨著身體長大，節肢動物常需要經歷一至數次的蛻皮（殼），把過小的舊皮（殼）蛻去。許多節肢動物的外形，在不同的成長階段會有所不同，也就是「變態」。大自然中最有名的變態例子，就是毛毛蟲長大之後會蛻變為蝴蝶。

節肢動物種類繁多，舉凡蚊蠅、蟑螂、蝴蝶、蜜蜂、甲蟲等昆蟲，或是常被視為餐桌佳餚的蝦蟹類等都是。而容易取得且又飼養容易的物種，主要為節肢動物裡的甲殼類動物，例如水族館裡買得到的淡水性小型米蝦與螯蝦。牠們可以用淡水進行飼養，飼養方法與魚類大致相同，但可以提供多一些水草、石塊等資材給牠們藏匿。

飼養美國螯蝦時的環境布置：

❶ 一箱養一隻。
❷ 氣動式過濾器。
❸ 底砂。
❹ 以石頭、瓦片等堆疊，營造可躲藏的隱密空間。

此外，也被稱為「鹵蟲」的豐年蝦，則是肉眼可以觀察得到的濾食性浮游甲殼類動物。在水族館裡，牠們的幼體與成體常被冷凍後製成生餌，用來餵食魚類。若要飼養牠們，可以從水族館中購入「豐年蝦卵」來自行孵化飼養。

原產於具有鹽分之湖泊中的豐年蝦，為了適應其原生環境，發展出一套特殊的生活史，能產生可忍受乾燥或高鹽度環境的硬殼耐久卵。等到環境適合生長，耐久卵會吸水膨脹，孵出豐年蝦幼體（此階段的豐年蝦身體不分節，所以也被稱為**無節幼蟲**），並逐漸成長至成體。

孵化豐年蝦卵的方法

準備鹽度約 30~50 psu 的鹽水，也就是每 1 公升淡水（自來水）中加入約 30~50 公克海水素或粗鹽，充分攪拌溶解。若有打氣設備，可加入多一點豐年蝦卵（大約 1 個布丁匙的量），於室溫下充分打氣讓卵翻滾，約 24 小時後，可觀察到大量橘紅色的豐年蝦幼體孵化出來；若無打氣，為避免溶氧不足而造成豐年蝦死亡，就要減少卵的投入量，孵化出來的幼體量當然也會較少。

豐年蝦幼體孵化出來之後的第一天不需要餵食，牠們可以靠吸收自身的卵黃獲得養分；但一天後，就必須開始餵食。豐年蝦是濾食性動物，可餵食牠們綠藻水、藻紛、酵母粉等。食物的投餵宜採少量多次，以免水質敗壞。

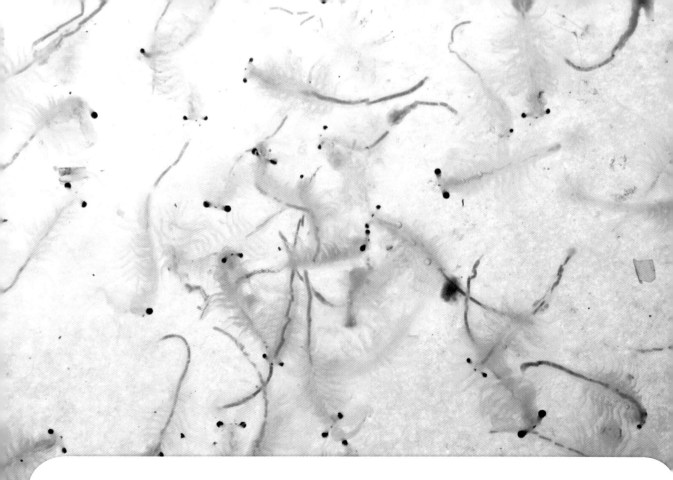

豐年蝦

Artemia sp.

體長：休眠卵與幼生小於 1 公釐；成體 0.5~1 公分

棲息環境：半淡鹹水湖泊

食性：濾食性

食物：綠藻水、酵母菌等

飼養所需空間與容器：500 毫升以上透明塑膠或玻璃容器

水質過濾：不需裝設過濾器

打氣：可，沒有也沒關係

環境布置：裸缸

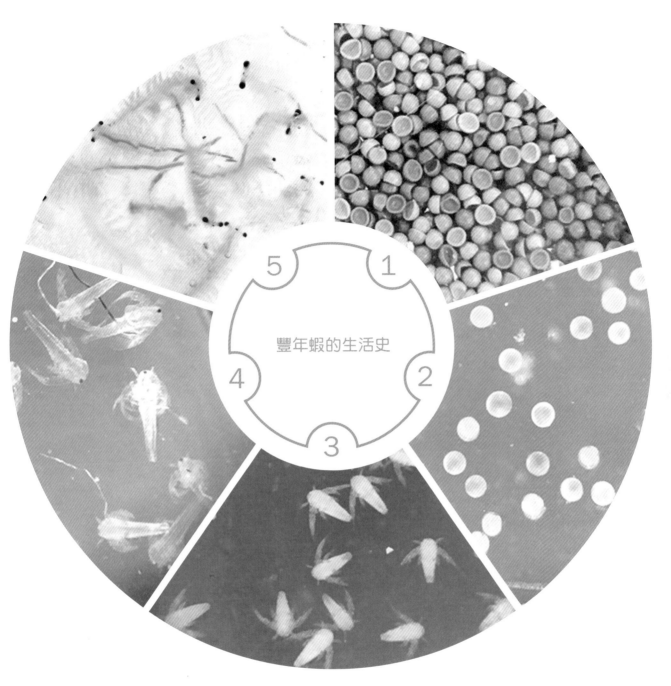

豐年蝦的生活史

1 豐年蝦卵顯微照,可觀察到卵體乾燥內凹的樣子。

2 泡水數小時的豐年蝦卵顯微照,已脹大。

3 初孵化的豐年蝦無節幼體。

4 孵化後數日的豐年蝦顯微照,身體已拉長分節,有黑色眼點出現。

5 豐年蝦成體的顯微照。

豐年蝦卵和磨過的胡椒粒差不多大。後方為新臺幣 1 元硬幣。

米蝦
Neocaridina denticulata

體長：2~2.5 公分

棲息環境：淡水池塘、沼澤、溪澗等

食性：雜食性

食物：觀賞魚沉底飼料

餵食頻率：1 天餵食 1 次，每次餵食量以蝦子能在 30 分鐘內吃完為原則

飼養所需空間與容器：500 毫升以上透明塑膠或玻璃容器

水質過濾：不需裝設過濾器；但若飼養密度超過每公升 5 隻就需要設置過濾器

打氣：有較佳；但若密度低於每公升 5 隻的話，沒有也沒關係

環境布置：鋪設底砂，種植濃密的水草

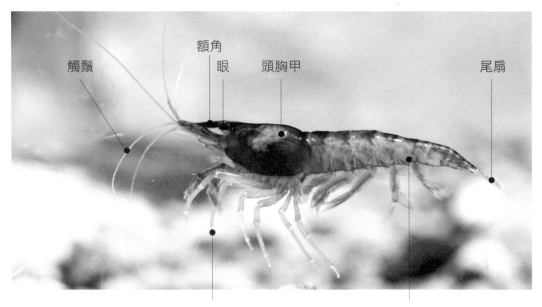

觸鬚　　額角　眼　頭胸甲　　　　尾扇

胸足有 5 對，也稱步足。其中第 1 和第 2 對尖端呈鉗狀。

腹部有 7 節，前面 5 節的腹面各有 1 對腹肢，也稱泳足。

被改良成不同顏色的觀賞型米蝦。

米蝦也被統稱為「黑殼蝦」，是觀賞型米蝦的原種之一。

抱卵的米蝦媽媽。

米蝦是大自然的清道夫，會清除環境中的有機殘屑，包括同類屍體。

大和米蝦

Caridina multidentata

體長：3~5 公分

棲息環境：淡水池塘、沼澤、溪澗等

食性：雜食性

食物：觀賞魚沉底飼料、青菜葉等

餵食頻率：1 天餵食 1 次，每次餵食量以蝦子能在 30 分鐘內吃完為原則

飼養所需空間與容器：5 公升以上水族箱

水質過濾：需裝設過濾器

打氣：有較佳

環境布置：鋪設底砂，種植濃密的水草

觸鬚　　　　額角 眼　　　頭胸甲　　身體上有紅棕色小點　　　　　　　尾扇
　　　　　　　　　　　　　　　　整齊排列成數列

5 對步足，第 1 和
第 2 對末端呈鉗狀。

腹部有 7 節，前 5 節腹面各
有 1 對腹肢，也稱泳足。

大和米蝦進食時，會以附肢捉住食
物並送入口器中。

大和米蝦的正面觀。

大和米蝦脫下的殼，可清
楚看出蝦子頭部和身體的
輪廓。

美國螯蝦

Procambarus clarkii

體長：10~12 公分
棲息環境：淡水池塘、沼澤等
食性：雜食性
食物：觀賞魚沉底飼料、魚蝦肉、青菜葉、水草等

餵食頻率：1 天餵食 1 次，每次餵食量以蝦子能在 30 分鐘內吃完為原則
飼養所需空間與容器：5 公升以上水族箱
水質過濾：可不需裝設過濾器，但有較佳
打氣：有較佳
環境布置：鋪設底砂，放置大量沉木和石頭

大螯　　觸鬚　　眼　　頭胸甲　　步足　　棕紅色的身體　　尾扇

大螯斷掉一肢的個體。不過，別擔心！再脫殼的時候就可重新長出。

大螯上有鋸齒。小心別被夾傷了！

尾扇的特寫。

不同顏色的觀賞型美國螯蝦。

粗糙沼蝦
Macrobrachium asperulum

體長：6~8 公分

棲息環境：淡水溪流、湖泊、沼澤等

食性：雜食性

食物：觀賞魚沉底飼料、魚蝦肉、青菜葉、藻類等

餵食頻率：1 天餵食 1 次，每次餵食量以蝦子能在 30 分鐘內吃完為原則

飼養所需空間與容器：5 公升以上水族箱

水質過濾：需裝設過濾器

打氣：有較佳

環境布置：鋪設底砂，放置大量沉木和石頭

觸鬚　　　額角　　　眼　　　頭胸甲　　　　　　　　　　　　尾扇

第 1 和第 2 對步足末端呈鉗狀，第 2 步足延伸成長臂。

腹部有 7 節，前 5 節腹面各有一對腹肢，也稱泳足。

粗糙沼蝦是臺灣溪流裡最常見的溪蝦，白天在水裡常躲在岩石、落葉附近，晚上才會出來活動。

年輕粗糙沼蝦的長臂關節處常有橘紅色斑。

粗糙沼蝦是陸域型的淡水蝦，可以在淡水域裡繁殖。這隻是抱卵的蝦媽媽。

背著重殼闖天下的柔情漢

軟體動物類

小椎實螺　　　川蜷

囊螺　　　　　田螺

扁蜷

紅蘋果螺

在乾淨溪流的岩石與底質上，常常可以發現
一些淡水螺類。

軟體動物共同的特徵包括——身體軟且沒有內骨骼；身體不分節，但可分為頭、足、內臟團、外套膜等部分。不過，不同種軟體動物的外形、尺寸和習性差異很大。大部分軟體動物有硬殼構造來保護牠們柔軟的身體，例如生活在水裡的螺類、貝類與陸生的蝸牛等。少部分種類，如章魚、烏賊、透抽等，外殼則退化或藏於體內，取而代之的是其他自我保護與掠食方式，如噴出黑色墨汁，以及口裡有利齒。

除了常被我們拿來吃的美味軟體動物如文蛤、蜆、九孔、鮑魚、章魚、烏賊等，以及公園花圃內常見的陸生蝸牛之外，一般人較容易找到且適合飼養的軟體動物，是常出現在水族箱或水族館裡的「淡水螺類」，牠們屬於軟體動物裡的腹足類動物，也可以在乾淨的溪流裡發現。水生螺類具有硬質的外殼，主要成分為鈣質；會伸出殼外的部分為前端的頭以及位於頭後的肉足；而內臟則位於殼內受到保護。螺類的頭上有觸角，可以感覺環境的狀況；口部則有稱為「齒舌」的構造，用來刮食水中岩石表面的藻類、生物膜等。肉足是螺類主要的運動構造，當牠們感受到刺激或驚嚇時，會把肉足和頭部縮至硬殼內躲避。不同的軟體動物有不同的繁殖方式，但常見的水生螺類多為卵生，卵粒外包著一層膠質。

動物界 | 軟體動物門 | 腹足綱 | 基眼目 | 椎實螺科

小椎實螺
Austropeplea ollula

體長：1~1.5 公分
棲息環境：淡水溪流、湖泊、沼澤、水田、池塘等
食性：雜食性
食物：觀賞魚沉底飼料、青菜葉、藻類等
餵食頻率：1 天餵食 1 次，每次餵食少許

飼養所需空間與容器：1 公升以上水族箱
水質過濾：可不需裝設過濾器，但有則較佳
打氣：有較佳
環境布置：鋪設底砂，放置大量沉木和石頭，種植適量水草

小椎實螺是臺灣淡水域裡
常見的螺類，外形呈長橢
圓，螺層邊膨脹且圓。

小椎實螺的殼為棕
色，殼口右旋。

動物界 ｜ 軟體動物門 ｜ 腹足綱 ｜ 基眼目 ｜ 囊螺科

囊螺
Physella acuta

體長：1~1.5 公分

棲息環境：淡水溪流、湖泊、沼澤、水田、池塘等

食性：雜食性

食物：觀賞魚沉底飼料、青菜葉、藻類等

餵食頻率：1 天餵食 1 次，每次餵食少許

飼養所需空間與容器：1 公升以上水族箱

水質過濾：可不需裝設過濾器，但有則較佳

打氣：有較佳

環境布置：鋪設底砂，放置大量沉木和石頭，種植適量水草

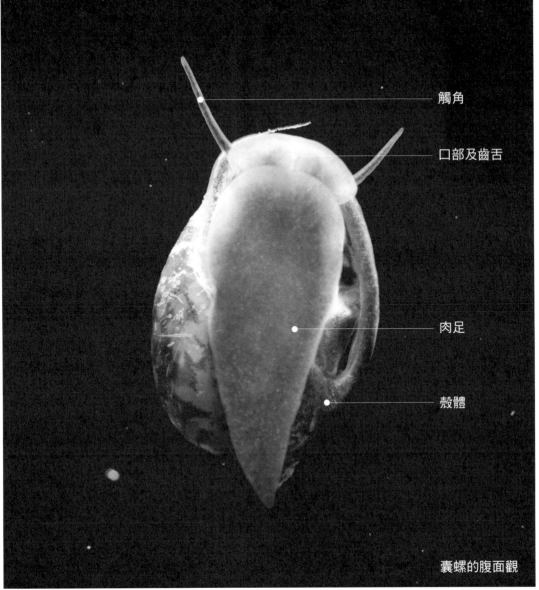

觸角

口部及齒舌

肉足

殼體

囊螺的腹面觀

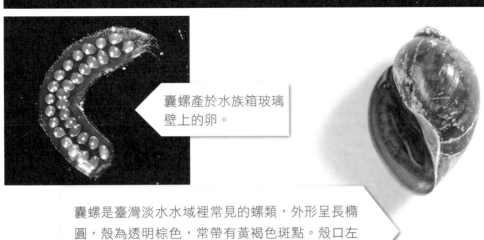

囊螺產於水族箱玻璃壁上的卵。

囊螺是臺灣淡水水域裡常見的螺類，外形呈長橢圓，殼為透明棕色，常帶有黃褐色斑點。殼口左旋，可依此與外形相似的小椎實螺作區分。

扁蜷
Gyraulus spirillus

體長：0.5~1 公分

棲息環境：淡水溪流、湖泊、沼澤、水田、池塘等

食性：雜食性

食物：觀賞魚沉底飼料、青菜葉、藻類等

餵食頻率：1 天餵食 1 次，每次餵食少許

飼養所需空間與容器：容積 1 公升以上水族箱

水質過濾：可不需裝設過濾器，但有較佳

打氣：有較佳

環境布置：鋪設底砂，放置大量沉木和石頭，種植適量水草

殼體

肉足

口部及
齒舌

觸角

紅蘋果螺的腹面觀

動物界 ｜ 軟體動物門 ｜ 腹足綱 ｜ 基眼目 ｜ 扁蜷科

紅蘋果螺

Biomphalaria glabrata

體長：0.5~1.5 公分
棲息環境：淡水溪流、湖泊、沼澤、水田、
池塘等
食性：雜食性
食物：觀賞魚沉底飼料、青菜葉、藻類等
餵食頻率：1 天餵食 1 次，每次餵食量少許

飼養所需空間與容器：1 公升以上水族箱
水質過濾：可不需裝設過濾器，但有較佳
打氣：有較佳
環境布置：鋪設底砂，放置大量沉木和石
頭，種植適量水草

川蜷
Semisulcospira libertina

體長： 1.5~2.5 公分

棲息環境： 淡水溪流、湖泊、沼澤、水田、池塘等

食性： 雜食性

食物： 觀賞魚沉底飼料、青菜葉、藻類等

餵食頻率： 1 天餵食 1 次，每次餵食少許

飼養所需空間與容器： 1 公升以上水族箱

水質過濾： 需裝設過濾器

打氣： 有較佳

環境布置： 鋪設底砂，放置大量沉木和石頭，種植適量水草

川蜷是臺灣溪流裡最常見的淡水螺類之一，殼呈長菱形且右旋。

川蜷殼上的色帶與刻紋變異大，有的有明顯深棕色色帶，有的則無。

剛從溪裡採集回來的川蜷，殼上還帶有一些藻類生長的痕跡。

田螺

Cipangopaludina sp. ／ *Sinotaia* sp.

體長：3~4 公分

棲息環境：淡水溪流、湖泊、沼澤、水田、池塘等

食性：雜食性

食物：觀賞魚沉底飼料、青菜葉、藻類等

餵食頻率：1 天餵食 1 次，每次餵食少許

飼養所需空間與容器：3 公升以上水族箱

水質過濾：需裝設過濾器

打氣：有較佳

環境布置：鋪設底砂，放置大量沉木和石頭，種植適量水草

（左頁）常見的田螺之一：石田螺（*Sinotaia quadrata quadrata*），外形呈圓錐狀。

遇到外來刺激的田螺會縮進殼中，蓋上紅棕色的口蓋來保護自己。

紅棕色的口蓋

剛打開口蓋從殼中伸出身體的田螺。

適合親子飼養觀察的……

魚類

- -

脊椎動物就是身體內（靠近背側）有**脊椎骨**的動物，魚類、兩生類、爬蟲類、鳥類和哺乳類動物都屬於脊椎動物。脊椎骨是支撐牠們身體體型的主要構造，和頭骨一起被稱為「中軸骨」，也就是位於身體正中間的骨頭。以脊椎骨為中線，脊椎動物大部分是左右對稱的，身體可分為頭部、軀幹和尾部，並且有比較完善的器官系統，以進行複雜的生理作用，維持生命。

魚類是脊椎動物的重要成員，具有一些特別的本領，可以順利在水裡生活。魚類都有「鰓」，因此可以在水裡進行呼吸作用；牠們沒有手腳，但「鰭」的構造能讓牠們在水中隨意運動和保持身體穩定；牠們的身體大多呈流線型，以減少水中的阻力，體表覆蓋著鱗片，並會分泌黏液保護自己。

依據生活水域的性質，魚類可以分為 ❶ 海水魚、❷ 淡水魚和 ❸ 河口魚。可以在水族館中購買得到並且能輕易飼養的魚類以淡水魚為多。牠們的外形易辨，大部分種類通常是以頭在前方，尾在後方，背在上方，腹在下方的姿勢活動在水中。外形上可以觀察得到的魚隻特徵包括：眼睛、口頜部、鰓蓋、鱗片、魚鰭（包括稱為「成對鰭」的胸鰭、腹鰭，以及稱為「不成對鰭」的背鰭、臀鰭與尾鰭）、肛門與泌尿生殖孔（也稱為「泄殖孔」）等。

魚類的基本構造

適合親子飼養觀察的……
魚類

依照外形與內部構造，常見的淡水魚類可以進一步被分為數大類，如「卵胎生鱂魚類」、「卵生鱂魚類」、「鯉類」、「脂鯉類」、「迷鰓魚類」、「慈鯛類」等。接下來，將針對各個魚類的類群以及推薦給親子共同飼養的魚種進行介紹。

爸爸瀟灑風流、媽媽懷胎產子

卵胎生鱂魚類

孔雀魚　　　　　球魚、天鵝
滿魚　　　　　　食蚊魚
茉莉
劍尾類

飼養卵胎生鱂魚的環境布置：

❶ 1.5 尺玻璃水族箱。

❷ 氣舉式過濾器。

❸ 加溫器，設置溫度在 23~28℃之間。

❹ 沉木。

❺ 水草。

❻ 顆粒適中的中性底砂。

卵胎生鱂魚類是水族館中最容易見到的小型魚類之一。牠們飼養容易，色彩美麗，也能夠在水族箱中自行繁殖，不僅適合親子共同飼養，也能讓孩子親身體會生命繁衍的喜悅。卵胎生鱂魚類的繁殖方法非常特別，雄魚的臀鰭會特化成棒狀的交接器，在接觸雌魚生殖孔的瞬間，讓精子進入雌魚體內跟卵子結合；卵和胚胎在雌魚體內進行發育，胚胎仰賴卵黃中的養分成長，直到發育完全成為小魚後，就會離開雌魚身體。也就是說，我們會看到雌魚直接生出小魚，而非產下魚卵。有趣的是，雌魚只要接受過雄魚一次交尾，精子就會暫存在雌魚體內一段時間，讓多批卵受精，產出不只一批魚寶寶。

卵胎生鱂魚類原產於美洲，棲息在清澈的河流池沼等水域中，或是湖泊淺灘等有濃厚植被且水流緩慢的區域。許多卵胎生鱂魚種類的體色鮮豔美麗，很早就被當成觀賞魚來飼養。以外貌多變的孔雀魚為例，牠已被培育出許多具有不同顏色和鰭型的品系，專業愛好者們甚至會為牠舉辦「選美比賽」。除此之外，包括滿魚、劍尾、茉莉等，也同樣是水族館裡常見的卵胎生鱂魚類，並在長時間人工培育與改良後，出現許多不同色彩的品系。不過，長時間改良也使得這些物種難以溯源。此外，還有一種被稱作「球魚」的品系，其實是卵胎生鱂魚因為脊椎骨發育不良而造成身體短

化的表現，但圓球般的逗趣外形反而讓牠們在市場上受到消費者的歡迎，成了水族館中鋪貨量最多的魚種之一。

因為人類的引進、放生，有些卵胎生鱂魚已入侵到非原產地的淡水水域，包括稻田、水溝、池塘等，造成原生環境生態改變。包括食蚊魚（俗稱大肚魚）、野生孔雀魚等，已經都可以在都市近郊的溝渠池塘中發現、採集到。

淡水魚類當中，卵胎生鱂魚類是最容易分辨性別的魚群。雄魚的臀鰭為棒狀，體色通常較鮮豔，體型流線；雌魚的臀鰭為三角形片狀，體色通常較樸素或暗淡，腹部圓潤。

家長可以帶著孩子到都市近郊的乾淨水域裡找找看，常可以發現包括卵胎生鱂魚在內的魚類。不過千萬記得注意安全和避免蚊蟲叮咬喔！

適合卵胎生鱂魚的飼養環境

健康的卵胎生鱂魚個性大膽不怕人，被長期飼養在水族箱中的個體，一看到人影就會衝上前去激動索食，與飼主的互動性很高。牠們的競爭不強，偶爾追逐，但不嚴重。原則上，卵胎生鱂魚的飼養環境首重乾淨且穩定的水質，比較不需要太過複雜的空間布置。不過，如果要兼顧飼養與繁殖，就必須在水族箱中多種植一些水草，讓初生的小魚躲避、免於被大魚吃掉的命運。

飼養空間與密度

若為了觀察，又想兼顧繁殖，可將卵胎生鱂魚雌雄魚一同飼養在水族箱中。有時，為了降低雌魚被雄魚追逐求偶太過熱情而產生的壓迫，會採用雄魚較少隻、雌魚較多隻的比例進行飼養。魚隻密度方面，若是選擇孔雀魚、滿魚、球魚等體型不會太大的種類，可以使用 1~1.5 尺（長邊 30~45 公分）水族箱來飼養 5~10 隻左右；但若是選擇劍尾或茉莉等體型較大的種類，則最好使用 1.5~2 尺（長邊 45~60 公分）的水族箱較佳。

水質需求與過濾設備

一般而言，卵胎生鱂魚喜歡中性偏弱鹼、硬度稍高的乾淨水質。因此，過濾系統方面需選擇效能較佳者，例如外掛式過濾器。如果水族箱體積較大，也可以選擇上部過濾器。此外，為了營造出弱鹼具硬度的水質，可以在水族箱的底質中直接或混合使用珊瑚砂。

食物

卵胎生鱂魚類為雜食性，含動物性成分與植物性成分的食物牠們都能接受。不過，卵胎生鱂魚對人工飼料的接受度相當大，只需選擇市面上小型魚適用的飼料產品即可。有些飼主為了繁殖，會另外準備動物性蛋白質含量高的生餌或活餌，像是孑孓、豐年蝦、赤蟲等；對於非專業玩家而言，是否提供這類餌食，自行決定即可。

繁殖

在水族箱內成功繁殖卵胎生鱂魚的要素有 ❶ 健康的雌、雄種魚，❷ 充足的營養，以及 ❸ 水族箱布置有可供小魚躲藏的空間。只要把成熟的雌、雄魚放在同一個水族箱中，就可以觀察到雄魚不斷試圖靠近雌魚，並把交接器（臀鰭）往前舉的行為。當雄魚的交接器順利碰觸到雌魚的生殖孔，並把精子射入，就能夠觀察到雌魚的肚子日漸變大。在這期間，需盡可能維持雌魚的健康，提供牠足夠的營養，降低環境變化。小魚剛被產出時，游泳能力還不好，很容易會被周遭的大魚（甚至是魚媽媽）當成食物吞下。此時，避免初生小魚成為大魚的食物，是繁殖卵胎生鱂魚最重要的事。市面上有販售一種「產卵盒」，能把即將生產的魚媽媽移出飼養缸並隔離於產卵盒的上層；初生小魚便會順著隔板細縫沉入下層而與媽媽隔離開來，不會被吃掉。或者，把即將生產的魚媽媽移出單獨飼養，並放置大量的水草供小魚躲藏。小魚出生後，即可以粉狀或細粒人工飼料餵食，並視其成長狀況逐漸改用更大的餌料。

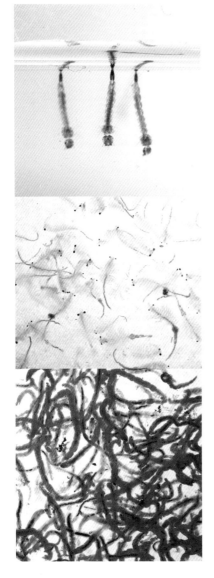

家蚊的幼蟲——孓孓是很好的魚類活餌之一。

豐年蝦除了可被飼養來作為水族寵物外，也是常用來餵魚的活／生餌之一。

水族館裡有販售的冷凍生餌——冷凍赤蟲。

動物界 ∣ 脊索動物門 ∣ 輻鰭魚綱 ∣ 齒鯉目 ∣ 花鱂科

孔雀魚
Poecilia reticulata var.

體長：3~5 公分

棲息環境：淡水池塘、沼澤、湖泊等

食性：雜食性

食物：觀賞魚飼料

餵食頻率：1 天餵食 1~2 次，每次餵食量以魚隻可在半小時內吃完為原則

飼養所需空間與容器：5 公升以上透明塑膠或玻璃容器

水質過濾：需裝設過濾器

打氣：可，沒有也沒關係

環境布置：鋪設底砂種植些許水草，放置適量沉木、石頭布置

體色較為鮮豔
飽和而具光澤

背鰭有延伸

碩大而多彩的尾鰭

特化成管
狀的臀鰭

雄魚

雌魚

背鰭沒有延伸，呈三角形

尾鰭較小且外緣圓
潤，色彩單調

體色較樸素少光澤

臀鰭形狀為三
角形沒有特化

孔雀魚的雄魚之間常會相互較勁，認輸的一方（圖右）就會夾著尾巴逃走。

孔雀魚在平時（上）與威嚇展示時（下）於外形上的差別。請注意觀察，魚隻背鰭和尾鰭張開的程度並不相同。

孔雀魚雄魚常會積極地追在
雌魚後面尋求交配的機會。

懷孕的孔雀魚有明顯脹大的
腹部。

孔雀魚已被改良出許多種擁
有不同體色、鰭型的品系。

滿魚（太陽、月魚）
Xiphophorus maculatus var.

體長：3~4 公分

棲息環境：淡水池塘、沼澤、湖泊等

食性：雜食性

食物：觀賞魚飼料

餵食頻率：1 天餵食 1~2 次，每次餵食量以魚隻可在半小時內吃完為原則

飼養所需空間與容器：5 公升以上透明塑膠或玻璃容器

水質過濾：需裝設過濾器

打氣：可，沒有也沒關係

環境布置：鋪設底砂種植些許水草，放置適量沉木、石頭布置

尾柄處有三個黑色圓斑，像是「米老鼠」頭部的圖案

米老鼠雌魚

米老鼠雄魚

特化成管狀的臀鰭

臀鰭沒有特化而略呈三角形

❶「三色米奇」品系滿魚，具有黑、紅、白三色，黑色部分在尾柄上組成「米老鼠」特徵。

❷「藍珊瑚太陽」品系的滿魚，體側有亮眼的水藍色金屬光澤。

❸「黑尾太陽」品系的滿魚，背鰭與尾鰭為黑色，尾鰭正中央的鰭條會延伸拉出。

❹「金太陽」品系的滿魚，身體的前段為金黃色，後段為鮮紅色。

動物界｜脊索動物門｜輻鰭魚綱｜齒鯉目｜花鱂科

茉莉
Poecilia sp.

體長：5~10 公分
棲息環境：淡水池塘、沼澤、湖泊與半淡鹹水域等
食性：雜食性
食物：觀賞魚飼料
餵食頻率：1 天餵食 1~2 次，每次餵食量以魚隻可在半小時內吃完為原則

飼養所需空間與容器：5 公升以上透明塑膠或玻璃容器
水質過濾：需裝設過濾器
打氣：可，沒有也沒關係
環境布置：鋪設底砂種植些許水草，放置適量沉木、石頭布置

琴尾

圓尾

「黃茉莉」（*Poecilia sphenops* var.）是
統稱為茉莉的常見魚種之一，體色鮮黃。

「芝蔴茉莉」（*Poecilia sphenops* var.）也是
茉莉的一個品系，身體前半段為黃色並有黑色
小碎點，後半段則為黑色。有的個體尾鰭為上、
下兩端延伸拉長的琴尾，有的個體為圓尾。

「大帆茉莉」（*Poecilia velifera*）的原種，
具有高聳而大片的背鰭。

有些大帆金茉莉的個體
尾鰭呈上、下兩端鰭條
延伸的琴尾型。

「大帆金茉莉」（*Poecilia
velifera* var.）也是統稱為
茉莉的常見魚種之一，是
大帆茉莉的白子。

高聳而大的背鰭

缺乏黑色素
的紅色眼睛

體色鮮黃

劍尾

Xiphophorus hellerii var.

體長：8~10 公分

棲息環境：淡水池塘、沼澤、湖泊等

食性：雜食性

食物：觀賞魚飼料

餵食頻率：1 天餵食 1~2 次，每次餵食量以魚隻可在半小時內吃完為原則

飼養所需空間與容器：5 公升以上透明塑膠或玻璃容器

水質過濾：需裝設過濾器

打氣：可，沒有也沒關係

環境布置：鋪設底砂種植些許水草，放置適量沉木、石頭布置

橘紅色的身體

尾鰭下端鰭條
延伸成劍狀

臀鰭特化成管狀

紅單劍雄魚

紅雙劍雄魚

背鰭尖端延伸拉長

紅單劍雌魚

腹部較為圓潤飽滿

尾鰭上、下兩端
鰭條延伸成劍狀

管狀的臀鰭
延伸拉長

臀鰭沒有特化，略呈三角形

尾鰭鰭條沒有
延伸，呈圓尾

黑色尾鰭

黑尾紅劍雄魚

動物界 ｜ 脊索動物門 ｜ 輻鰭魚綱 ｜ 齒鯉目 ｜ 花鱂科

球魚、天鵝
Poeciliidae sp.

體長： 5~8 公分

棲息環境： 淡水水域

食性： 雜食性

食物： 觀賞魚飼料

餵食頻率： 1 天餵食 1~2 次，每次餵食量以魚隻可在半小時內吃完為原則

飼養所需空間與容器： 5 公升以上透明塑膠或玻璃容器

水質過濾： 需裝設過濾器

打氣： 可，沒有也沒關係

環境布置： 鋪設底砂種植些許水草，放置適量沉木、石頭布置

球魚的尾鰭
外緣均圓潤

廣而大的背鰭

較短的軀幹、
銀白色的身體

特化成管狀的臀鰭

銀球雄魚

銀球雌魚

球魚是短身型的茉莉，
有多種體色的改良品
系。下圖是稱為「黑球」
的品系，全身黝黑。

臀鰭沒有特化，略呈三角形

金天鵝雄魚

金天鵝雌魚

天鵝的尾鰭上、下
兩端會延伸呈琴尾

體色橘黃

特化成管狀的臀鰭

臀鰭沒有特化，
略呈三角形

食蚊魚（大肚魚）

Gambusia affinis

體長：2.5~4 公分

棲息環境：淡水池塘、湖泊、溪流、水田等

食性：雜食性

食物：觀賞魚飼料

餵食頻率：1 天餵食 1~2 次，每次餵食量以魚隻可在半小時內吃完為原則

飼養所需空間與容器：5 公升以上透明塑膠或玻璃容器

水質過濾：需裝設過濾器

打氣：可，沒有也沒關係

環境布置：鋪設底砂種植些許水草，放置適量沉木、石頭布置

身體顏色為淺灰白色，略
有淡藍色光澤，體型較小

特化成管狀的臀鰭

雄魚

雌魚

腹部圓潤較膨
大，體型較大

臀鰭沒有特化，
略呈三角形

生命短暫卻精彩燦爛的花火

卵生鱂魚類

圓尾鱂　　　　藍眼燈

黃金火焰鱂

藍彩鱂

為了延續族群，一年生卵生鱂魚在性成熟之後，就會積極進行交配，在有限的時間內產下大量魚卵。

卵生鱗魚算是孔雀魚等卵胎生鱗魚的親戚，但牠們是透過卵生的方式進行繁殖。卵生鱗魚體型尺寸通常在 10 公分以內，身體外形為長條型、長橢圓型或紡錘型，尾鰭是沒有分葉的圓扇型或末端平截型。不過，有些種類的卵生鱗魚尾鰭會有部分鰭條延伸的現象，衍生出琴尾（尾鰭上、下兩端鰭條延伸）、三叉尾（尾鰭上、中、下三處鰭條延伸）等不同形態。絕大多數的卵生鱗魚體色十分多彩豔麗，令人著迷。

因應其原產地氣候環境特殊，卵生鱗魚類衍生出兩種繁殖方式，使牠們被分為「一年生卵生鱗魚類群」與「多年生卵生鱗魚類群」。

一年生卵生鱗魚原產於非洲東部與南美洲，那裡的氣候有明顯乾、雨季之分。當乾季來臨，水域會乾涸（因此這種水域也稱為「季節性池沼」），而生活其中的鱗魚會死亡。為了在這種環境下延續族群，牠們發展出一套特別的繁殖方式，即成魚會在雨季期間充水的水域裡盡可能地產下受精卵，並將卵埋於水域的底質當中。當乾季來臨，成魚因水體乾涸而死亡，但在略帶溼氣的底質裡卻蘊含著無數休眠的新生命，等待雨季來臨時孵化。一年生卵生鱗魚的魚卵包覆著一層厚實具彈性的外殼，可以抵抗較低的溼度和物理性擠壓，裡面的胚胎需要一段時間（視魚種不同，從幾個週到幾個月不等）的乾燥期才能發育完全。因此，有些卵生鱗魚的玩家們，會把魚卵連同些許略溼的底質一起包在信封裡，郵寄給同好，彼此交流不同魚種。而發育完成的魚卵，就像是植物的種子一般，只要注入足夠的水，就可以讓小魚孵化，十分神奇！因為要在有限的時間之內完成成長、成熟、交配產卵等各個生命階段，一年生卵生鱗魚的生長速度快，但相對地，壽命也短。

多年生卵生鱗魚的原生環境水域，通常不具有明顯乾雨季之分，牠們多將卵產在水域中的水草叢間、浮性水草的根系等處，有的甚至會產在石頭或木頭縫隙中，依種類不同而定。牠們不需面對乾季的問題，卵會在水中直接進行孵化，孵化期約 1~3 週不等，視魚種和溫度而定。

卵生鱗魚專業玩家們會把魚卵包裝好之後，以郵寄的方式互相交流。

適合卵生鱂魚的飼養環境

大多數卵生鱂魚都可以在水族箱中進行繁殖，加上體色極具觀賞性，因此水族家們飼養牠們的主要目的不外乎純觀賞，或是繁殖保種與交流。常見的卵生鱂魚種類性情還算活潑，偶爾會有個體之間追逐、展示、驅趕等競爭行為。是故，卵生鱂魚的飼養環境中，需要擺放沉木、水生植物等，以創造出可供弱勢個體躲藏、迴避的地形。

飼養空間與密度

卵生鱂魚最常見的飼養方式，是利用 1~2 尺（長邊 30~60 公分），也就是容積約 6~80 公升，或其他尺寸相仿的玻璃水族箱、塑膠寵物盒等，採「單種單缸」飼養。也就是以一個水族箱飼養一至數隻同種卵生鱂魚；若想飼養兩種，就用兩個分開的水族箱，依此類推。同一類群但不同種的卵生鱂魚的雌魚外形十分相像，如果不慎混在一起，很難再輕易區別牠們。單種單缸的好處，就是可以維持卵生鱂魚的種類和品系單純，且針對不同魚種進行水質調整和繁殖操作時也較方便。

飼養密度以常見體長約 5~6 公分的魚隻為例，在 1 尺水族箱中飼養 2~5 隻成魚通常是沒問題的。若飼養空間夠大，可飼養的魚隻數量就更多。

水質需求與過濾設備

卵生鱂魚喜好的水質特性大略可以分——弱酸性、中性，與鹼性。但多數市面上容易取得的魚種，均可以適應中至弱酸性（pH 6.5~7.5），中等或低硬度的水質。

牠們通常不喜歡過快的水流，加上經常被飼養於小型水族箱之中，因此搭配打氣泵的氣舉式過濾系統，是飼養這類魚種時較常使用的水質過濾方式。卵生鱂魚喜好乾淨的水質。如果過濾效果不好，水中魚糞與沒吃完的食物等髒汙太多時，水質就容易敗壞，使魚隻生病。

食物

卵生鱂魚是肉食性的，並且喜好活餌或生餌，例如水族館有販售的冷凍赤蟲（搖蚊的幼蟲）、豐年蝦成蝦等。有的飼主也會提供自己培育的豐年蝦無節幼蟲（請參考第 59 頁），或從乾淨水域採集而來的水蚤等，只要魚隻肯吃，大小適中，通常都適合用來餵食。此外，有些卵生鱂魚也可以適應人工飼料，建議初期需先少量嘗試並觀察，慢慢讓魚隻習慣。千萬不要一開始就把大量飼料倒進水族箱，如果魚隻拒食或來不及吃完，水質會因此被快速汙染。

水草叢上的多年生卵生鱂魚魚卵。

不同種卵生鱂魚雌魚的外形
都同樣樸素,不容易分辨。
因此飼養時絕對要避免把不
同種雌魚飼養在同一個水族
箱之中。

市售泥炭土除了可以直接均勻鋪在水族箱底外，也可以裝在容器裡再一同置入水族箱當中供成魚們產卵。

魚媽媽產在泥炭土中的一年生卵生鱂魚魚卵。大小常介於 0.05~0.2 公分之間。

← 實際大小

繁殖

　　一般而言，除非是健康狀況極差的個體，否則大部分卵生鱂魚只要體型已達成體尺寸，都可以進行繁殖，尤其是市面上常見的魚種。原則上，繁殖方法就是讓雌、雄魚共處於一個設置有合適產卵介質的水族箱中，待魚卵產下後，再視魚種不同，把魚卵和介質一同移出至另外的容器中等待孵化（多年生卵生鱂魚）或是進行乾燥處理（一年生卵生鱂魚）。為了採收魚卵方便，卵生鱂魚的繁殖布置愈簡單愈好。基本上，在水族箱中設置一個氣舉式過濾器，再加上適當的產卵介質就足夠了。如果雄魚的求偶行動太過熱情，可以再放置一些沉木、水草等資材供雌魚暫時躲避之用。

　　最容易取得的產卵介質，就是花市或園藝資材店裡可以買得到的泥炭土，但需選擇不含任何肥料者。使用前，先把泥炭土加水煮滾殺菌，小心瀝掉濃厚茶色的水分並冷卻之後，略溼的泥炭土就可以直接使用，多餘的土可用塑膠袋分裝放陰涼處，供下一次使用。泥炭土的鋪設方法有兩種，一種是直接均勻鋪滿於缸底；另一種則是事先把土裝入適當且有開口的容器中，再一併沉入缸中。有意交配產卵的卵生鱂魚成魚，會自己去尋找放置介質之處進行交配。

　　一年生鱂魚在開始繁殖之後，即可不斷交配產卵，因此魚卵的採收工作通常需要定期進行，直到飼主主動結束繁殖，或是種魚老化、死亡。從水中取出含卵泥炭土後，需稍施力將多餘的水分擰乾，並平鋪於報紙上吸除多餘的

水分；若想觀察魚卵，此時便是翻土找卵的好時機。健康已受精的魚卵呈現晶瑩剔透的淡琥珀色，充滿彈性且外殼堅韌，宛如一顆顆小珍珠，直徑從0.05~0.2公分不等，視魚種不同而定。將魚卵連同泥炭土一起裝入塑膠袋中密封起來，並在袋外清楚標註魚種名稱、採收日期、預計孵化日期等資訊，然後就進入魚卵的乾燥保存期。在此期間，大部分魚卵即會開始發育成小魚，待下一次遇到水時就會破卵而出。每一魚種的魚卵所需的乾燥時間不定，從數週至數個月均有；同時，外在環境溫度、溼度、光線等因子也會造成影響。因此，除了詢問有經驗的人之外，不定期檢視魚卵的發育情形來決定魚卵是否該下水孵化，才是最準確的作法。

在水族箱中繁殖多年生卵生鱂魚時，繁殖缸的設置與一年生鱂魚大同小異，但為了讓種魚可以產卵集中且方便收卵，通常不會放置水草，而是以濃密的「毛線拖把」提供產卵與躲避的功能。多年生卵生鱂魚的魚卵上，有極為細小的勾狀突起，可以勾在水草和毛線纖維上，直接在水裡孵化；也可以連同收起的毛線一併裝入袋中密封，只要袋中維持一定溼度，魚卵亦可在非全水的環境中乾燥發育直至下水孵化。

不論是一年生或多年生卵生鱂魚，若卵中小魚已發育完全，可以看出一圈亮亮的、明顯的大眼眶（虹膜），也就是俗稱的「發眼」。此時，代表小魚在卵裡已經準備好要破殼而出了。這時，直接將泥炭土或毛線束連同魚卵倒至淺盆容器中，再倒入乾淨的水，水的高度只要能完全覆蓋泥炭土或毛線拖把即可。通常，已發育完全的小魚會在下水後數個小時至數天內孵化。小魚孵化後，可以投餵適合其嘴巴大小的食物。對市面上常見的卵生鱂魚仔魚而言，活的豐年蝦無節幼蟲是個好選擇，不僅取得、孵化容易，大小也很適中。之後隨著仔魚的成長，再慢慢調整食物的尺寸與種類。

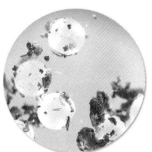 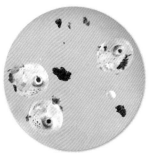

剛產下的卵生鱂魚魚卵。 已經「發眼」的卵生鱂魚魚卵。

勾在毛線上的多年生卵生鱂魚魚卵。

製作毛線拖把的方法

將市售的尼龍毛線剪成每20~30公分一段，然後再將數十條毛線綁成一把即成。

動物界 ｜ 脊索動物門 ｜ 輻鰭魚綱 ｜ 齒鯉目 ｜ 鰕鱂科

圓尾鱂

Nothobranchius **sp.**

體長：4~5 公分

棲息環境：季節性淡水池塘等

食性：肉食性

食物：豐年蝦、赤蟲等冷凍生餌

餵食頻率：1 天餵食 1~2 次，每次餵食量以魚隻可在半小時內吃完為原則

飼養所需空間與容器：5 公升以上透明塑膠或玻璃容器

水質過濾：需裝設過濾器

打氣：可，沒有也沒關係

環境布置：可裸缸，或底部鋪上少許泥炭土，放置適量沉木、石頭布置

寬大的背鰭

橢圓形的身型，
體色多彩

像把圓扇的
圓形尾鰭

寬大的臀鰭

雄魚

背鰭較小，各鰭透明無色

雌魚

體色不鮮豔

臀鰭較小

圓尾鱂類的一種：「漂亮寶貝鱂」（*Nothobranchius rachovii*）。

其他幾種水族館常見的圓尾鱂：

❶「貢氏紅圓尾鱂」（*Nothobranchius guentheri*）雄魚。體色黃綠，尾鰭顏色鮮紅。

❷「黑寶貝鱂」（*Nothobranchius patrizii*）雄魚。體色黑灰，尾鰭顏色鮮紅。

❸「佛氏紅圓尾鱂」（*Nothobranchius foerschi*）雄魚。身體底色淡藍，有紅色的網格狀紋路，尾鰭顏色鮮紅。

黃金火焰鱂
Aphyosemion australe

體長：5~6 公分
棲息環境：淡水池塘、緩流等
食性：肉食性
食物：豐年蝦、赤蟲等冷凍生餌
餵食頻率：1 天餵食 1~2 次，每次餵食量以魚隻可在半小時內吃完為原則

飼養所需空間與容器：5 公升以上透明塑膠或玻璃容器
水質過濾：需裝設過濾器
打氣：可，沒有也沒關係
環境布置：可裸缸，或在底部鋪上少許底砂，以適量沉木、石頭布置，種植水草，或放置毛線拖把當作其產卵床

背鰭尖端較延伸

身形延長，橘色調的
體色散布著紅色小點

尾鰭上、下兩端較
延伸，呈琴尾形

尾鰭上、下兩端較
延伸，呈琴尾形

臀鰭尖端較延伸

雄魚

雌魚

體色淡黃，身上
有少許紅點

尾鰭為圓尾，
各鰭不延伸

黃金火焰鱂雄魚鰓蓋上
的紅色紋路。

偶爾也可以發現無紅點
型的黃金火焰鱂。

黃金火焰鱂的雄魚極積
追求雌魚。

藍彩鱂

Fundulopanchax gardneri

體長：6~7 公分

棲息環境：淡水池塘、緩流等

食性：肉食性

食物：豐年蝦、赤蟲等冷凍生餌

餵食頻率：1 天餵食 1~2 次，每次餵食量以魚隻可在半小時內吃完為原則

飼養所需空間與容器：5 公升以上透明塑膠或玻璃容器

水質過濾：需裝設過濾器

打氣：可，沒有也沒關係

環境布置：可裸缸，或在底部鋪上少許底砂，以適量沉木、石頭布置，種植水草，或放置毛線拖把當作其產卵床

不成對鰭的外緣常帶有濃或淺的黃色，且尖端延伸

長條形的體型，體色多彩，主要為藍綠色，散布著紅色點斑

雄魚

雌魚

不成對鰭上無色彩，且尖端不延伸。

❶ 不同原產地的藍彩鱂常有不同的體色花紋表現。

❷ 人工培育而缺乏深色表現的藍彩鱂，呈現黃色，所以也被稱為「黃彩鱂」。

體色樸素，通常為淡棕灰色。

❶
❷

藍眼燈

Poropanchax normani

體長：3~4 公分

棲息環境：淡水池塘、緩流等

食性：雜食性

食物：觀賞魚飼料，與豐年蝦、赤蟲等冷凍生餌

餵食頻率：1 天餵食 1~2 次，每次餵食量以魚隻可在半小時內吃完為原則

飼養所需空間與容器：5 公升以上透明塑膠或玻璃容器

水質過濾：需裝設過濾器

打氣：可，沒有也沒關係

環境布置：可裸缸，或在底部鋪上少許底砂，以適量沉木、石頭布置，種植水草，或放置毛線拖把束當作其產卵床

眼眶上緣散發亮
藍色的金屬光澤

背鰭尖端較延伸

身體略帶藍色光澤

臀鰭較大而外形呈
平行四邊形，外緣
略帶黃色

尾鰭上有
淡黃色彩

雄魚

各鰭透明無色也無延伸拉長

身體沒有藍色光澤

雌魚

另一種藍眼燈的親
戚：「二 線 藍 眼
燈」（*Poropanchax
luxophthalmus*），
身體上有 2 道水藍
色亮線。

活力十足但會囫圇吞棗的小鬍子

鯉類

金魚　　　　牛屎鯽
小斑馬　　　白雲山
四間　　　　三角燈
六間鯽
條紋小魮

鯉類的成員原本分布於歐亞大陸、北美洲與非洲。在水族館可以見到的小型鯉類，則大多來自於赤道兩端的熱帶與亞熱帶地區。野生的鯉類大多棲息於小型河流、池塘、湖泊等水域中。已被人類長期飼養且歷史悠久（據說至今已經超過千年）的金魚，也是鯉類的成員之一。牠是由鯽魚改良而來，到現在已發展出數百種品系。金魚飼養容易，模樣可愛，壽命較長（超過 5 年），不僅吸引許多專業的愛好者進行飼養與培育，更是極為適合親子共同照顧的水族動物。

金魚品種眾多，體型、顏色和鰭型多樣化。

鯉類是淡水魚裡魚種成員最多的一群，種類繁多，超過四千兩百種，且體型尺寸差異很大，有的只有 1 公分左右，有的則可達到 2~3 公尺。不過，大部分的鯉類都有一些共同特徵，例如，牙齒不在嘴巴前端，而是在咽喉處（稱為咽齒）；嘴旁有鬚；有些種類的嘴巴呈吸盤狀；尾鰭分為上、下兩葉。

適合鯉類的飼養環境

健康的小型鯉類個性通常活潑大膽，侵略性低，喜歡成群活動，個體之間平時偶有追逐，但不至於出現嚴重傷亡。不過，雄魚在發情期間，威嚇、驅趕和攻擊行為較明顯。所以飼養時，最好能夠提供一個空間足夠，有水草、沉木等隱蔽物，又同時有開放空間供強勢者活動的水族箱。鯉類對強烈光照的適應力高，所以也常有水草造景缸愛好者，將牠們成群飼養在種植濃密水草的水族箱中。

飼養空間與密度

一般而言，如果飼養的是常見小型鯉類，包括本書推薦的幾種，考量牠們的活動力、行為等因素，建議至少使用 1.5~2 尺（長邊 45~60 公分），或容積相仿的水族箱進行多隻飼養。水族箱中以水草、沉木、石塊等資材來布置出有複雜空間的環境，但留出一塊較為開放的空間給牠們。牠們會在水草沉木之間穿梭，尋找食物；也會在開放空間裡游動、互相威嚇、展示與追逐。以 1.5~2 尺的水族箱為例，若過濾系統設置適當，且能提供足夠的水流、溶氧與淨水功能，飼養 5~10 隻體型約 5~8 公分大小的種類（如四間鯽、牛屎鯽等），或是 10~20 隻體型約 3~5 公分的種類（如小斑馬、白雲山、三角燈等）應該都是沒問題的！

市面上販售的金魚尺寸多樣，而飼養容器和密度也需視金魚的大小而定。如果飼養的是 5~8 公分左右的幼魚，則 1.5 尺大小的水族箱可以飼養約 5~8 隻；但若小魚長大到體長超過 8 公分後，則需由家長協助更換成容積更大的飼養容器。

水質需求與過濾設備

常見的小型鯉類魚種對於中性的水質適應良好，通常以曝氣去氯的自來水即可飼養。除了極少數魚種之外，不太需要另外調整水質。健康的鯉類通常很貪吃，如果飼主餵食過多的話，牠們的排泄物也會很多。因此，飼養鯉類時，需要一套效能較好，又能製造適中水流的過濾系統，例如外掛式過濾器、上部過濾器等。

金魚較為喜好中性偏弱鹼的水質，因此，許多人會使用珊瑚砂作為底砂。除了水族箱，許多人也喜歡用盆缽養金魚，由上往下欣賞牠的體態和泳姿。不過，水盆的造型常不易於裝設制式的過濾器，因此除了減少飼養密度之外，還必須頻繁換水，才能維持水質潔淨。

食物

鯉類主要為雜食性，對各種食物的接受度很高——各式各樣適合的人工飼料，水族館裡買得到的冷凍生餌，或是飼主自行培育的活餌等，牠們都能欣然接受。

動物界｜脊索動物門｜輻鰭魚綱｜鯉形目｜鯉科

金魚
Carassius auratus var.

體長：10~15 公分

棲息環境：淡水池塘、緩流等

食性：雜食性

食物：金魚飼料

餵食頻率：1 天餵食 1~2 次，每次餵食量以魚隻可在半小時內吃完為原則

飼養所需空間與容器：5 公升以上透明塑膠或玻璃容器

水質過濾：需裝設過濾器

打氣：可，沒有也沒關係

環境布置：可裸缸，或在底部鋪上少許底砂，並需留出足夠魚隻游動的開放空間

金魚在吃飼料時，會把嘴巴延伸出來，變得長長的。

鼻孔褶

嘴部前端沒有牙齒

水族館裡很常見的金魚品種：珠鱗。圓滾滾的身材和較短小的尾鰭十分可愛。

水族館裡販售給大型魚類當成食物的飼料魚：「朱文錦」，其實也是金魚的一個品種。

小斑馬
Brachydanio rerio

體長：4~5 公分
棲息環境：淡水池塘、溪流、水田等
食性：雜食性
食物：觀賞魚飼料
餵食頻率：1 天餵食 1~2 次，每次餵食量以魚隻可在半小時內吃完為原則

飼養所需空間與容器：5 公升以上透明塑膠或玻璃容器
水質過濾：需裝設過濾器
打氣：可，沒有也沒關係
環境布置：可裸缸，或在底部鋪上少許底砂，以適量沉木、石塊、水草布置，但需留出足夠魚隻游動的開放空間

身上有數道藍金
相間的條紋

臀鰭和尾鰭上也有紋路

其他改良品系的小斑馬：

❶ 透過基因改造被植入珊瑚或水母螢光基因
的螢光斑馬魚。

❷「豹紋斑馬」，身體紋路由線狀紋路改良
成點狀紋路。

❸「大帆斑馬」，各鰭被改良得較為延伸。

四間
Puntigrus anchisporus

體長：4~6 公分
棲息環境：淡水池塘、溪流、水田等
食性：雜食性
食物：觀賞魚飼料
餵食頻率：1 天餵食 1~2 次，每次餵食量以魚隻可在半小時內吃完為原則

飼養所需空間與容器：5 公升以上透明塑膠或玻璃容器
水質過濾：需裝設過濾器
打氣：可，沒有也沒關係
環境布置：可裸缸，或在底部鋪上少許底砂，以適量沉木、石塊、水草布置，但需留出足夠魚隻游動的開放空間

身體上有 4 道垂直方向的黑線

背鰭外緣有明顯紅邊

尾鰭上、下葉外緣帶紅色

雄魚

其他品系的四間：

❶ 身體有濃烈綠色光澤的品系，稱為「綠四間」。

❷ 身體上黑色素淡化的品系，稱為「金四間」。

尾鰭上、下葉不帶紅色

背鰭外緣的紅色較淡，較透明

雌魚

成魚的腹部較圓潤飽滿

❶

❷

動物界 ｜ 脊索動物門 ｜ 輻鰭魚綱 ｜ 鯉形目 ｜ 鯉科

六間鯽
Desmopuntius hexazona

體長：4~5 公分
棲息環境：淡水池塘、溪流、水田等
食性：雜食性
食物：觀賞魚飼料
餵食頻率：1 天餵食 1~2 次，每次餵食量以魚隻可在半小時內吃完為原則

飼養所需空間與容器：5 公升以上透明塑膠或玻璃容器
水質過濾：需裝設過濾器
打氣：可，沒有也沒關係
環境布置：可裸缸，或在底部鋪上少許底砂，以適量沉木、石塊、水草布置，但需留出足夠魚隻游動的開放空間

雄魚的鰭上有
橘紅色澤

雌魚的鰭色透明

身體底色為橘紅色，有 5~6 道垂直黑色帶

身體上的橘紅色澤比較濃烈，黑色紋的
分布與六間鯽一樣，但呈圈圈狀

各鰭上的橘紅色
澤較濃烈

六間鯽的另一種常
見親戚：「甜甜圈
鯽」（*Desmopuntius
rhomboocellatus*）。

雄魚

雌魚　身體上的橘
紅色澤較淡

各鰭上的橘紅
色澤較淡

成魚的腹部較圓潤飽滿

條紋小䰾
Barbodes semifasciolatus

體長：4~5 公分

棲息環境：淡水池塘、溪流、水田等

食性：雜食性

食物：觀賞魚飼料

餵食頻率：1 天餵食 1~2 次，每次餵食量以魚隻可在半小時內吃完為原則

飼養所需空間與容器：5 公升以上透明塑膠或玻璃容器

水質過濾：需裝設過濾器

打氣：可，沒有也沒關係

環境布置：可裸缸，或在底部鋪上少許底砂，以適量沉木、石塊、水草布置，但需留出足夠魚隻游動的開放空間

身體底色為淺灰色，
略帶綠色光澤

身體腹部的後段
略呈淡橘紅色

紅色眼眶

雄魚

雌魚

成魚腹部明顯圓潤飽滿

身體腹部後段
不帶橘紅色

❶ 條紋小鲃雄魚發情時腹部後段的橘紅色澤會更為濃烈。

❷ 條紋小鲃的改良品種：「金條鯽」。

❶

❷

牛屎鯽
Acheilognathinae sp.

體長：5~7 公分

棲息環境：淡水池塘、沼澤、水田等

食性：雜食性

食物：觀賞魚飼料

餵食頻率：1 天餵食 1~2 次，每次餵食量以魚隻可在半小時內吃完為原則

飼養所需空間與容器：5 公升以上透明塑膠或玻璃容器

水質過濾：需裝設過濾器

打氣：可，沒有也沒關係

環境布置：可裸缸，或在底部鋪上少許底砂，以適量沉木、石塊、水草布置，但需留出足夠魚隻游動的開放空間

臺灣原生牛屎鯽之一：「高體鰟鮍」（*Rhodeus ocellatus*）雄魚。

臺灣另一種常見原生牛屎鯽：「臺灣石鮒」（*Tanakia himantegus*）雄魚。

背鰭和臀鰭的外緣有橘黃色帶

身體顏色較為豐富而帶光澤

尾柄有顏色，中央有一道水平向黑色帶

臺灣另一種原生牛屎鯽：「齊氏石鮒」（*Tanakia chii*），較為少見。

雄魚

雌魚

體色銀白而少色彩

背鰭和臀鰭上都透明無色彩

尾柄上無色彩

白雲山
Tanichthys albonubes

體長：3~4 公分

棲息環境：淡水小型河流、沼澤等

食性：雜食性

食物：觀賞魚飼料

餵食頻率：1 天餵食 1~2 次，每次餵食量以魚隻可在半小時內吃完為原則

飼養所需空間與容器：5 公升以上透明塑膠或玻璃容器

水質過濾：需裝設過濾器

打氣：可，沒有也沒關係

環境布置：可裸缸，或在底部鋪上少許底砂，以適量沉木、石塊、水草布置，但需留出足夠魚隻游動的開放空間

背鰭和尾鰭的鰭面為紅色

身體中線有一道粉
紅色至金色色帶

身體的底色為橄
欖綠至灰色

雄魚

其他品系的白雲山：

❶「黃金白雲山」，身
體顏色呈黃色。

❷「大帆白雲山」，有
延伸且較大片的魚鰭。

雌魚

背鰭和臀鰭比雄魚的小

成魚的腹部圓潤飽滿

❶ ❷

三角燈

Trigonostigma heteromorpha

體長：3~4 公分

棲息環境：淡水小型河流、沼澤等

食性：雜食性

食物：觀賞魚飼料

餵食頻率：1 天餵食 1~2 次，每次餵食量
以魚隻可在半小時內吃完為原則

飼養所需空間與容器：5 公升以上透明塑膠
或玻璃容器

水質過濾：需裝設過濾器

打氣：可，沒有也沒關係

環境布置：可裸缸，或在底部鋪上少許底
砂，以適量沉木、石塊、水草布置，但需留
出足夠魚隻游動的開放空間

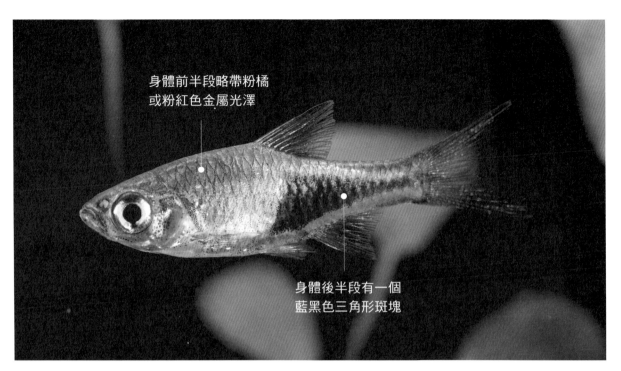

身體前半段略帶粉橘
或粉紅色金屬光澤

身體後半段有一個
藍黑色三角形斑塊

❶ 三角燈的改良品系：「藍三角燈」，擁有較濃且分布範圍較大的湛藍色澤。

❷ 三角燈的親戚：「金三角燈」（*Trigonostigma espei*）。體色為濃烈的橙紅色，三角形斑塊較小，且呈藍色。

❸ 三角燈的親戚：「小三角燈」（*Trigonostigma hengeli*）。體色為淺灰色，三角形斑塊較小，且呈黑色。

穿梭水草間的美麗小精靈

脂鯉類

脂鯉類也被稱為「加拉辛類」，是一群多數魚種具有「脂鰭」的魚類——脂鰭是魚隻體背外緣在背鰭和尾鰭之間，一小塊肉質突出的構造。到目前為止，脂鯉類已知包含了兩千多種魚類，主要分布在非洲和中南美洲，尤其是熱帶地區的範圍內。常見於水族館的小型脂鯉，包括接下來要推薦的幾種，則多原產於南美洲。

脂鰭

大多數脂鯉類的魚類都具有脂鰭。

脂鯉類魚類的尺寸和外形十分多樣化。不過，牠們通常都具有脂鰭構造，嘴內前端有牙齒，尾鰭分為上、下兩葉。和鯉類魚類最大的差別是，牠們大多為肉食性，且嘴旁沒有鬚。小型脂鯉的身體上常有鮮豔顏色和金屬光澤，因此在水族館中常被稱為「燈魚」。

適合脂鯉類的飼養環境

小型脂鯉的飼養環境，與小型鯉類大致相同，最好在水族箱中同時提供適合躲藏的隱蔽空間，以及可活動的開放空間。小型脂鯉宜採多隻群養，不僅可以讓小魚們增加安全感，也可以觀察到牠們多樣化的行為——包括**群游**（一整群一起游動）、個體間的**展示**與**威嚇**、雄魚向雌魚**求偶**等。

飼養空間與密度

考量到最好要採用多隻群養的方式，飼養小型脂鯉的容器建議至少要使用 1 尺（長邊 30 公分）以上的玻璃水族箱。魚群的數量，至少要 5~10 隻之間為佳。當然，如果水族箱的體積愈大，可以飼養的魚隻就愈多，甚至可以與其他不同種但體型、習性相仿的魚類一起飼養。

脂鯉類魚類的嘴巴前端有牙齒。

水質需求與過濾設備

大多數原產於南美洲的小型脂鯉，喜好中性偏弱酸性的水質。經過曝氣去氯的自來水通常可以滿足許多魚種；但專業的愛好者們為了讓小型脂鯉更為顯色或是發情繁殖，還會進一步利用**欖仁葉、泥炭土**等產品讓水質變得較酸一些。無論如何，潔淨的水質是最重要的飼養條件，因此設置過濾系統是必須的。適合的過濾系統為氣舉式與外掛式過濾器。如果水族箱夠大，如大於 2 尺（長邊 60 公分），亦可考慮會製造較強水流的上部過濾器。

食物

脂鯉類為肉食性，市售的小型魚飼料、可以從水族館買到的冷凍生餌等，牠們都會欣然接受。

小型脂鯉飼養環境的布置參考。

動物界 ｜ 脊索動物門 ｜ 輻鰭魚綱 ｜ 脂鯉目 ｜ 脂鯉科

日光燈
Paracheirodon innesi

體長：3~4 公分

棲息環境：淡水小型河流、沼澤等

食性：雜食性

食物：觀賞魚飼料

餵食頻率：1 天餵食 1~2 次，每次餵食量以魚隻可在半小時內吃完為原則

飼養所需空間與容器：5 公升以上透明塑膠或玻璃容器

水質過濾：需裝設過濾器

打氣：可，沒有也沒關係

環境布置：可裸缸，或在底部鋪上少許底砂，以適量沉木、石塊、水草布置，但需留出足夠魚隻游動的開放空間

身體上的藍色光線從頭
延伸至脂鰭的位置

身體上的紅色塊由臀鰭
上方延伸至尾柄

其他品系的日光燈：

❶ 白金品系「鑽石日光燈」，
體背部呈銀白色光澤。

❷ 白子品系，眼睛是紅色的。

❸ 日光燈的黃化品系。

紅蓮燈
Paracheirodon axelrodi

體長：3~5 公分
棲息環境：淡水溪流、沼澤等
食性：雜食性
食物：觀賞魚飼料
餵食頻率：1 天餵食 1~2 次，每次餵食量以魚隻可在半小時內吃完為原則

飼養所需空間與容器：5 公升以上透明塑膠或玻璃容器
水質過濾：需裝設過濾器
打氣：可，沒有也沒關係
環境布置：可裸缸，或在底部鋪上少許底砂，以適量沉木、石塊、水草布置，但需留出足夠魚隻游動的開放空間

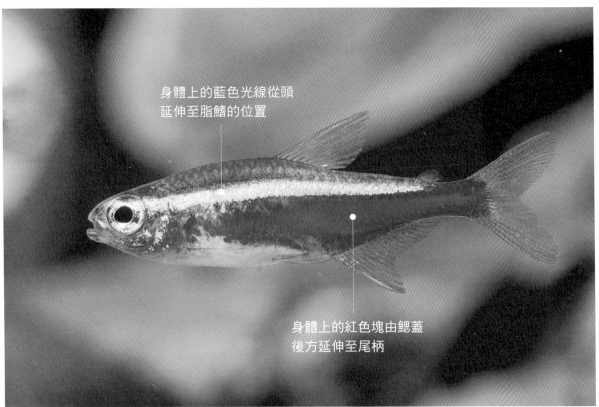

身體上的藍色光線從頭
延伸至脂鰭的位置

身體上的紅色塊由鰓蓋
後方延伸至尾柄

①

②

其他品系的紅蓮燈：

❶ 白金型的紅蓮燈，
背部有濃濃的銀白色
金屬光澤。

❷ 白化型的紅蓮燈，
缺乏黑色素。

紅燈管

Hemigrammus erythrozonus

體長：3~4 公分
棲息環境：淡水溪流、沼澤等
食性：雜食性
食物：觀賞魚飼料
餵食頻率：1 天餵食 1~2 次，每次餵食量以魚隻可在半小時內吃完為原則

飼養所需空間與容器：5 公升以上透明塑膠或玻璃容器
水質過濾：需裝設過濾器
打氣：可，沒有也沒關係
環境布置：可裸缸，或在底部鋪上少許底砂，以適量沉木、石塊、水草布置，但需留出足夠魚隻游動的開放空間

眼眶上方帶有粉
紅色光澤

身體底色為淺灰色，中央有
一條螢光橘紅色亮帶

紅燈管的白子，眼睛是
紅色的，身體為淡黃至
白色。

黑燈管
Hyphessobrycon herbertaxelrodi

體長：3~4 公分

棲息環境：淡水溪流、沼澤等

食性：雜食性

食物：觀賞魚飼料

餵食頻率：1 天餵食 1~2 次，每次餵食量以魚隻可在半小時內吃完為原則

飼養所需空間與容器：5 公升以上透明塑膠或玻璃容器

水質過濾：需裝設過濾器

打氣：可，沒有也沒關係

環境布置：可裸缸，或在底部鋪上少許底砂，以適量沉木、石塊、水草布置，但需留出足夠魚隻游動的開放空間

身體底色為灰白色，正中央
有一道亮金色帶，由鰓蓋後
方延伸至尾柄

眼眶上方帶有紅色

身體中線以下的區域為黑色

黑燈管的白子，眼睛為
紅色，身體為白色。

動物界｜脊索動物門｜輻鰭魚綱｜脂鯉目｜脂鯉科

扯旗燈
Hyphessobrycon sp.

體長：3~7 公分

棲息環境：淡水溪流、沼澤等

食性：雜食性

食物：觀賞魚飼料

餵食頻率：1 天餵食 1~2 次，每次餵食量以魚隻可在半小時內吃完為原則

飼養所需空間與容器：5 公升以上透明塑膠或玻璃容器

水質過濾：需裝設過濾器

打氣：可，沒有也沒關係

環境布置：可裸缸，或在底部鋪上少許底砂，以適量沉木、石塊、水草布置，但需留出足夠魚隻游動的開放空間

❶ ❷

❸ ❹

「小丑旗」（Hyphesso-brycon takasei）的最大特徵是鰓蓋後方的黑色大斑塊，形狀很像咖啡豆，所以也被稱為「咖啡豆燈」。

❶ 扯旗燈是水族館對於背鰭碩大且色彩鮮豔的燈魚之統稱。這是「白翅玫瑰旗」（Hyphessobrycon ornatus var.）。

❷ 「紫背紅印」（Hyphessobrycon pyrrhonotus）有相當大而延伸的背鰭。

❸ 「紅衣夢幻旗」（Hyphessobrycon sweglesi）的身體為濃烈的橘紅色。

❹ 「黑旗」（Hyphessobrycon megalopterus）的身體是灰黑色。

動物界｜脊索動物門｜輻鰭魚綱｜脂鯉目｜脂鯉科

鉛筆燈
Nannostomus sp.

體長：2~5 公分

棲息環境：淡水溪流、沼澤等

食性：雜食性

食物：觀賞魚飼料

餵食頻率：1 天餵食 1~2 次，每次餵食量以魚隻可在半小時內吃完為原則

飼養所需空間與容器：5 公升以上透明塑膠或玻璃容器

水質過濾：需裝設過濾器

打氣：可，沒有也沒關係

環境布置：可裸缸，或在底部鋪上少許底砂，以適量沉木、石塊、水草布置，但需留出足夠魚隻游動的開放空間

水族館裡最常見的鉛筆燈：「紅肚鉛筆」（*Nannostomus beckfordi*）。

嘴巴尖而口裂小

身形細長，體色較紅，中線有一條黑色寬帶

雄魚

雌魚

鉛筆燈的嘴巴都比較小，通常以啄食的方式來進食。

成魚腹部圓潤飽滿

另一種常見的鉛筆燈：「小型紅鉛筆」（*Nannostomus marginatus*）。

「騎士鉛筆」（*Nannostomus eques*），常以斜45度角的泳姿游動，相當特別。

動物界 ｜ 脊索動物門 ｜ 輻鰭魚綱 ｜ 脂鯉目 ｜ 脂鯉科

紅翅濺水魚
Copella arnoldi

體長：4~6 公分

棲息環境：淡水溪流、沼澤等

食性：雜食性

食物：觀賞魚飼料

餵食頻率：1 天餵食 1~2 次，每次餵食量以魚隻可在半小時內吃完為原則

飼養所需空間與容器：5 公升以上透明塑膠或玻璃容器

水質過濾：需裝設過濾器

打氣：可，沒有也沒關係

環境布置：可裸缸，或在底部鋪上少許底砂，以適量沉木、石塊、水草布置，但需留出足夠魚隻游動的開放空間

各鰭較為延伸，
鰭面帶紅色澤

身形細長，身體
上帶有光澤

雄魚

雌魚

各鰭較不延伸
且色淡

身體較短而無光澤

成魚腹部圓潤飽滿

紅翅潑水魚成熟雄魚（前）在繁殖期
會積極追求雌魚（後）。

飼養和繁殖紅翅潑水魚的水族箱，在
環境布置上需降低水位，並且在水面
上提供植物的葉片（例如上圖中的黃
金葛）。

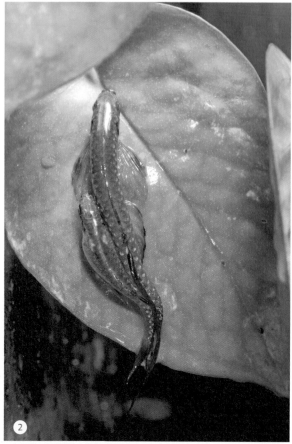
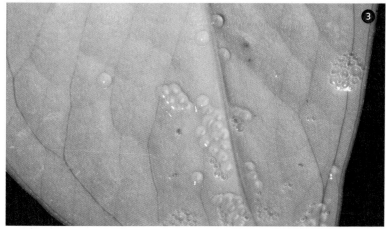

❶ 雌雄魚情投意合而準備產卵時，會一起游
至水面且平行並排，然後縱身一躍至水面上
的樹葉。

❷ 雌雄魚在貼附於樹葉上的短短幾秒裡，即
會在葉片上產下魚卵。

❸ 產在樹葉上的紅翅潑水魚魚卵。

❹ 魚卵會在樹葉上發育並且孵化出小魚，再
隨著水珠落回水裡。

紅翅潑水魚是唯一一種會在繁殖時有潑水行為的潑水魚。有時候，水族館也可以找到幾種牠的親戚，可是，牠們都不會有「潑水」的行為喔！

❶ 珍珠潑水魚（*Copella callolepis*）
❷ 粉紅黑帶潑水魚（*Copella compta*）
❸ 黑線潑水魚（*Copella eigenmanni*）
❹ 血鑽潑水魚（*Copella nattereri*）

享受孤獨但樂當慈父的鬥士

迷鰓魚類

泰國鬥魚
蓋斑鬥魚
麗麗
馬甲

迷鰓魚類是一群具有「迷鰓器官」構造的淡水魚類。這個器官位於頭部，由鰓特化而成，充滿皺褶，看起來就像迷宮一樣，具有輔助呼吸的功能。大多數魚類都必須從水中獲得氧氣，但是迷鰓器官卻讓迷鰓魚類可以靠近水面呼吸，直接從空氣中獲得氧氣。此外，許多種迷鰓魚類的個性很好鬥，因此也獲得了「鬥魚」或「搏魚」的名號。

飼養像馬甲或麗麗這類體型稍大些的迷鰓魚時，要使用尺寸較大的水族箱，並且種植水草、放置沉木等來營造複雜的空間。

迷鰓魚可以貼近水面直接從空氣中吸一口氣來獲得氧氣。

迷鰓魚類分布在非洲和亞洲兩大洲，全世界共有超過一百五十種。牠們的體型差異很大，從體長小於 5 公分，到 30 公分以上的都有。比較適合飼養在水族箱中的，以小型魚種為主。一般而言，小型迷鰓魚在野外大多生活於水流流速較低，甚至完全靜止的小型河流、沼澤、水稻田、長滿蘆葦的池塘等。這些棲地常生長茂盛的水生植物或岸邊植物。迷鰓魚的游泳能力通常不是很強，因此這些水生植物密布的區域，就是牠們最喜愛的活動空間。

外形上，迷鰓魚的身體兩側側扁，魚身呈長橢圓型或橢圓型。牠們的尾鰭外形通常如圓扇，或末端平截，也有些種類有分葉；而位於鰓蓋下方腹鰭的鰭條常有延伸的現象。有些魚種的腹鰭，甚至特化成長絲狀，例如珍珠馬甲、麗麗等。許多迷鰓魚的身體上有十分漂亮的色彩，如泰國鬥魚等經過人類長時間選育的魚種，在色彩、體型與鰭型的表現上更是十分多樣而吸引人。

適合迷鰓魚的飼養環境

一般而言，迷鰓魚個體之間都存在不同程度的競爭性。而且，同種迷鰓魚之間的鬥爭性，並不一定僅存在於雄魚與雄魚之間，有時雄魚與雌魚之間，或是雌魚與雌魚之間，都常見有追逐、展開魚鰭、張開鰓蓋與嘴巴，甚至互咬的行為。甚至，迷鰓魚偶爾也會對其他不同種的迷鰓魚與非迷鰓魚表現出追逐驅趕的行為。因此，若不是單隻飼養，就需要加大飼養空間，並利用沉木、石材、水草等資材製造空間複雜性，好讓較弱勢的魚隻能有喘息的機會。除了少部分魚種之外，大部分原本生活於靜水域的迷鰓魚游泳能力並不強，活動也不算積極，會經常躲藏在水生植物叢裡、水底落葉與沉木底下。飼養牠們時，如果能在水族箱裡種植適量的水生植物，營造安定的環境，則更有助於飼養成功。

飼養如泰國鬥魚這種活動範圍不大的小型迷鰓魚時，附蓋子的中、小尺寸透明寵物盒是最適合的容器。

鬥魚的體色豐富而美麗，腹鰭延伸，其他各鰭的形態則視品種的不同而有多樣化的表現。

飼養空間與密度

原則上，多數體長約 10 公分以內的迷鰓魚都可以使用市售 1~2 尺（長邊 30~60 公分）或相似尺寸的水族箱進行飼養。不過，飼養的密度愈高，水族箱的尺寸最好愈大，尤其是當飼養鬥爭性較強的魚種時。以常見的泰國鬥魚為例，一杯（缸）一隻分開養，可以避免魚隻互相攻擊受傷。不過，在條件允許的前提下，盡量提供足夠的活動空間給牠，才是較好的作法。具體來說，如珍珠馬甲、青（金）萬隆這些成魚體型可以超過 10 公分，但鬥爭性中等的魚種，或是鬥魚屬的蓋斑鬥魚等體型稍小（約 8~10 公分）但鬥爭性較強的魚種，可以多隻群養於 1.5~2 尺（長邊 45~60 公分）左右的水族箱中。而草莓麗麗、電光麗麗、扣扣魚等體型約 5~8 公分左右範圍的魚種，則可以使用 1~1.5 尺左右的水族箱進行飼養。

特別注意！

飼養迷鰓魚時，水族箱的上方一定要加蓋。迷鰓魚是跳高高手，能很輕易地躍出水面。如果水族箱上方沒有蓋住，很有可能會在家裡的地板上發現牠們的屍體，不可不慎！

水質需求與過濾設備

泰國鬥魚是迷鰓魚類代表，為一般人最容易取得的魚類寵物之一。水族館中販售的泰國鬥魚通常被飼養在狹小的塑膠杯當中，沒有打氣，更別提過濾。的確，因為泰國鬥魚具有迷鰓器官，所以牠們在不流動的死水之中仍然可以直接自空氣中獲得氧氣以維持生命，但這絕對不是一個適合牠長久生存的環境。牠也許不會因為水中含氧量不足而死，但極有可能因為惡劣水質而生病、死亡。適合且乾淨的水質，並視實際狀況設置適當的過濾設備，才是讓魚兒健康的不二法門。

通常，中性（pH 約為 7）的水質就可以輕易養活市面上絕大部分常見的迷鰓魚種類，包括馬甲類、麗麗類、蓋斑鬥魚、泰國鬥魚等。有些迷鰓魚的專業玩家，或為特殊魚種的需求，或為成功繁殖，有時會使用**泥炭土**、**欖仁葉**等天然的資材，將水的 pH 值調整至 6~7，或甚至更低，並讓水的顏色呈現淡至濃的茶色。他們認為這樣的水質有助於魚隻的穩定和色彩表現。

迷鰓魚類游泳能力不強，為了避免水族箱中過快的水流讓牠們不安定，但又想兼顧水質淨化的效果，搭配打氣泵的氣舉式過濾器是一個好選擇，它也的確是許多迷鰓魚專業玩家常使用的過濾系統。

食物

迷鰓魚類是肉食性的，在原生地以水生昆蟲、浮游動物等為食。不過，在水族箱中飼養時，一般常見的魚種都能夠完全接受各種人工飼料。

繁殖

迷鰓魚是市售觀賞魚當中，少數能夠輕易在水族箱裡進行繁殖觀察的魚類之一，尤其是泰國鬥魚。許多種迷鰓魚會有親代照護魚卵與子代的行為，依種類不同，護卵的方式有「築泡巢式」與「口孵式」兩種。不過，市面上常見的種類，包括接下來要介紹的，多原生於靜水域，繁殖行為都屬築泡巢式。

築泡巢型迷鰓魚繁殖時，都是由成熟雄魚先築好泡巢之後，再追求成熟且抱卵的雌魚進行交配與產卵。魚卵受精後，雄魚會把受精卵啣起移至泡巢中，並負起照顧魚卵直至小魚孵化的重責大任。剛孵化的小魚尺寸很小，需使用綠水、草履蟲等微生物餵食 1~2 週後，才能用粉狀飼料銜接。

要繁殖時，泰國鬥魚雄魚會在水面築泡巢。

當有情投意合且又抱卵而腹部飽滿的雌魚出現時，雄性泰國鬥魚就會求偶並與之環抱交配。

交配之後，雄魚會馬上用嘴巴去接住雌魚所產下的卵。

雄魚會把含在嘴巴裡的受精卵安全送至泡巢內放置，等待小魚孵化。

剛孵化的小魚，還會以頭上尾下的方式懸掛在水面。

泰國鬥魚的繁殖過程。

孵化後數天的小魚，已經可以平游並且到處攝食了。

動物界 | 脊索動物門 | 輻鰭魚綱 | 鱸形目 | 絲足鱸科

泰國鬥魚
Betta splendens

體長：5~6 公分
棲息環境：淡水沼澤、水田等
食性：肉食性
食物：觀賞魚飼料
餵食頻率：1 天餵食 1~2 次，每次餵食量以魚隻可在半小時內吃完為原則

飼養所需空間與容器：500 毫升以上透明塑膠或玻璃容器
水質過濾：可不需裝設過濾器，有則較佳
打氣：可，沒有也沒關係
環境布置：可裸缸，或在底部鋪上少許底砂，以適量沉木、石塊、水草布置

互別苗頭時，鰓蓋
會翻開露出鰓膜

尾鰭末端延伸拉出
尖端，狀似馬尾

腹鰭延伸拉長

雄魚

「馬尾型」品系
的泰國鬥魚是最
常見的品種。身
體和各鰭上有豐
富的色彩。

雌魚

各鰭均較不延伸

其他品系的泰國鬥魚：

❶「雙尾型」品系的
泰國鬥魚。

❷「半月型」品系的
泰國鬥魚。魚鰭大而
飄逸，使魚隻外形宛
如四分之三個滿月。

❸「短尾型」品系的
泰國鬥魚。

❹「冠尾型」品系的
泰國鬥魚。鰭條延伸
出鰭面。

泰國鬥魚間的鬥爭,通常會以翻開鰓蓋與撐起魚鰭揭開序幕。

成熟而隨時可與雄魚交配繁殖的泰國鬥魚雌魚。

腹部飽滿圓潤

泄殖孔有白色突出

若為了繁殖目的而必須把雌雄魚放在一塊,通常會先用玻璃把牠們隔開以觀察雙方交配的意願,不宜輕易地讓沒有意願的雌魚犧牲。

成熟雄魚常會築起泡巢，為日後的繁殖育幼作準備。

正在守衛泡巢的雄魚。

動物界｜脊索動物門｜輻鰭魚綱｜鱸形目｜絲足鱸科

蓋斑鬥魚
Macropodus opercularis

體長：6~8 公分
棲息環境：淡水池塘、沼澤、水田等
食性：肉食性
食物：觀賞魚飼料
餵食頻率：1 天餵食 1~2 次，每次餵食量以魚隻可在半小時內吃完為原則

飼養所需空間與容器：5 公升以上透明塑膠或玻璃容器
水質過濾：可不需裝設過濾器，有則較佳
打氣：可，沒有也沒關係
環境布置：可裸缸，或在底部鋪上少許底砂，以適量沉木、石塊、水草布置

鰭條較延伸　　　身體上較多彩　　　鰓蓋上有一個圓斑

雄魚

雌魚

體色較為暗淡

鰭條的延伸沒有
雄魚明顯

蓋斑鬥魚也具有爭鬥性，常
見魚隻追逐的情形。飼養多
隻時必須使用水草、沉木等
把環境布置得複雜些。

動物界 | 脊索動物門 | 輻鰭魚綱 | 鱸形目 | 絲足鱸科

麗麗
Trichogaster sp.

體長：4~6 公分
棲息環境：淡水池塘、沼澤、水田等
食性：肉食性
食物：觀賞魚飼料
餵食頻率：1 天餵食 1~2 次，每次餵食量以魚隻可在半小時內吃完為原則

飼養所需空間與容器：5 公升以上透明塑膠或玻璃容器
水質過濾：可不需裝設過濾器，有則較佳
打氣：可，沒有也沒關係
環境布置：可裸缸，或在底部鋪上少許底砂，以適量沉木、石塊、水草布置

常見的「電光麗麗」（*Trichogaster lalius*）。體型左右側扁，由側面看為橢圓型或蛋型。身上色彩豐富，腹鰭特化為長絲狀。

體型較電光麗麗小的「草莓麗麗」（*Trichogaster chuna*），是另外一種常見的麗麗。腹鰭也特化為長絲狀。

由電光麗麗改良而來的「血麗麗」，強調身體上的紅色色彩。

草莓麗麗的改良品種，「黃金麗麗」。

由電光麗麗改良而來的「藍麗麗」，全身散發水藍色的金屬光澤。

動物界 | 脊索動物門 | 輻鰭魚綱 | 鱸形目 | 絲足鱸科

馬甲
Trichopodus sp.

體長： 10~15 公分

棲息環境： 淡水池塘、沼澤、水田等

食性： 雜食性

食物： 觀賞魚飼料

餵食頻率： 1 天餵食 1~2 次，每次餵食量以魚隻可在半小時內吃完為原則

飼養所需空間與容器： 10 公升以上透明塑膠或玻璃容器

水質過濾： 可不需裝設過濾器，有則較佳

打氣： 可，沒有也沒關係

環境布置： 可裸缸，或在底部鋪上少許底砂，以適量沉木、石塊、水草布置

「珍珠馬甲」（*Trichopodus leerii*）是水族館中常見的馬甲類迷鰓魚。身體底色為淡黃褐色至灰色，有無數銀白色小點遍布全身與不成對鰭。

身體中線有一條水平向的黑色細帶，從吻端延伸至尾柄

與其他迷鰓魚親戚一樣，珍珠馬甲個體之間也會有些許追咬競爭的行為。

腹鰭特化為長絲狀

雄魚頰部至臀鰭前端間的區域為橘紅色

另外一種常見的馬甲類：「青萬隆」（*Trichopodus trichopterus* var.），身上帶有青藍色大理石紋路。

個性驃駻的慈父慈母

慈鯛類

荷蘭鳳凰
神仙魚
貝魚

慈鯛類有悉心照顧與守護
魚卵及幼魚的行為。

慈鯛一名的由來，可能來自外文名稱「cichlid」的音譯；也可能是因為牠們在繁殖時，親魚會有如慈母般細心照護小魚而得名。慈鯛類的種類繁多，目前已知有超過一千五百種。其中，許多身體具有美麗顏色的種類，也時常被當成觀賞魚在水族館販售。慈鯛類的種類和體型很多樣，不過大多數仍是身體兩側側扁、身體較高的外形。牠們的尾鰭造型多樣——有的是單葉的，也有的是上、下雙葉。

慈鯛具有領域性，很多種類的口中都有細小尖銳的牙齒，在爭搶地盤時如果太過激烈，有可能會讓彼此受傷。

慈鯛類有豐富的肢體語言和行為，常被認為是最聰明的淡水魚類之一。牠們的護卵行為尤其有趣，依據受精卵發育的地點，可分為「口孵類」，也就是魚卵被產出受精之後，會被含在爸爸魚或媽媽魚的口中進行發育，等到變成了小魚之後才游出來；與「介質產卵類」，也就是把受精卵產在石塊表面、水草葉片背面、洞穴內壁等介質上發育，期間親代會在卵的四周保護自己的孩子。在小魚孵化之後，慈鯛類的親魚還會持續照顧保護小魚，直到小魚獨立為止。

許多慈鯛的繁殖可以在水族箱中進行，適合親子共同觀察其多樣化的行為以及繁殖過程。

適合慈鯛類的飼養環境

慈鯛類的棲地型態十分多樣，有的原生於大型湖泊中，有的在有岩石堆疊的水域，有的在森林中有豐富植被的小型溪澗，有的則在湍急的大型溪流中。但不論是哪一種，慈鯛類都有一定程度的領域性，一旦建立好領域後，若有其他魚侵入，就會出現驅趕、追咬、互鬥的行為。打輸的魚，輕者落荒而逃，重者遍體鱗傷。因此，飼養慈鯛類時，除了要模擬牠們原本棲地的環境來打造水族箱外，記得要加大水族箱尺寸，製造複雜且可區隔個體的多樣化空間。

飼養空間與密度

飼養慈鯛類時，需視牠們的種類和成體的體型來決定水族箱尺寸。有些種類的領域性沒那麼高，可以在有限的空間裡多隻生活在一起；有的領域性較高，甚至會隨著成長而日益明顯，需要較大空間。決定魚種前，可以先行查閱相關書籍與網路資訊，或是向水族館店員詢問。一般而言，如果是成體大小5~6公分的種類，例如接下來要介紹的荷蘭鳳凰、貝魚等，最小可以使用1.5尺（長邊45公分）的水族箱來飼養5隻左右，並且放置適量的水草、石塊、空貝殼等資材來區隔空間。但如果是成體可達10公分左右的魚，例如神仙魚等，則最好使用2尺（長邊60公分）以上尺寸的水族箱來進行飼養，並且放置適量可區隔空間的資材。

水質需求與過濾設備

不同慈鯛類對於水質的需求也大不相同。例如接下來要介紹的荷蘭鳳凰和神仙魚喜好中性偏弱酸的水質；而貝魚類則喜好弱鹼性、硬度較高的水質。

荷蘭鳳凰和神仙魚都是原產於南美洲亞馬遜河流域的慈鯛，牠們喜好乾淨、水流流速中等或較慢，水質弱酸的環境。在水族箱中飼養時，可以使用氣舉式和外部式過濾器來處理水中廢物。為了創造出適合荷蘭鳳凰和神仙魚的弱酸性水質，可以使用市售的**降酸劑**，或是添加天然材料如**泥炭土**或**欖仁葉**等。

貝魚類原產於非洲坦干依喀湖。這個非洲大湖的特色，是水中帶有豐富的礦物質，使得水質硬度較高且呈弱鹼性。要達成這種水質特性，可以使用市售的**硬度增加劑**以及在水族箱底部鋪設**珊瑚砂**。因為貝魚類不擅長活動於太強的水流中，因此外掛過濾器或氣舉式過濾器，應該是比較適合牠們的過濾系統。

食物

慈鯛類的魚大多屬肉食性，有些則是雜食性與植食性；但牠們大多可以適應水族館販售的各類飼料。小型慈鯛可以餵食市售的慈鯛類專用飼料，或是小型魚專用飼料。如果取得容易或培養方便的話，當然也可以使用生餌或活餌來為牠們加菜。

繁殖

想在水族箱中繁殖慈鯛類，需要合適的環境與健康而成熟的親魚。要特別注意的是，慈鯛類的雌雄魚需要「彼此看得上眼」，也就是配對成功，才能進行繁殖。這點與同樣可以在水族箱中進行繁殖的卵胎生鱂魚類或卵生鱂魚類大不相同。如果雌雄魚彼此看不順眼，又硬把牠們養在一起，有時會發生雌魚被雄魚追咬驅逐甚至致死的情況。所以，如果打算繁殖慈鯛類，較保險的作法是一次飼養多隻，讓郎有情妹有意的佳偶找到對方後，再把其他未配對成功的個體撈出另外飼養。如果雌雄魚已經「在交往」，可以觀察到牠們出雙入對，彼此之間不會（或少）追咬，但會一起驅逐其他未配對成功的魚隻，行為上還算容易辨識。

荷蘭鳳凰、神仙魚和貝魚，在繁殖上都是屬於**介質產卵型**的慈鯛。荷蘭鳳凰會把卵產在開闊的平面上，例如水底的石頭上；神仙魚會把卵產在平整的垂直面上，例如寬葉型的水草葉面，甚至水族箱的玻璃壁上；而貝魚類則會把魚卵產在貝殼裡。當雌魚產卵後，雄魚就會靠過去排放精子讓其受精，之後親魚就會守護在魚卵附近，一邊防範試圖偷吃魚卵的入侵者，一邊不時用嘴一一剔除死卵以及髒汙，同時擺動魚鰭提供新鮮的水流和氧氣給魚卵。

有親魚照護的慈鯛類小魚在孵化之後，飼主通常不用花太多的心力去照顧牠們，只要提供穩定的環境和大小適中的餌食即可。等到小魚獨立之後，體型也已經大多了，照顧起來就和其他大魚沒什麼差別了。

動物界 | 脊索動物門 | 輻鰭魚綱 | 鱸形目 | 慈鯛科

荷蘭鳳凰
Mikrogeophagus ramirezi

體長：4~5 公分

棲息環境：淡水溪流、沼澤等

食性：雜食性

食物：觀賞魚飼料、豐年蝦或赤蟲等冷凍生餌

餵食頻率：1 天餵食 1~2 次，每次餵食量以魚隻可在半小時內吃完為原則

飼養所需空間與容器：5 公升以上透明塑膠或玻璃容器

水質過濾：需裝設過濾器

打氣：可，沒有也沒關係

環境布置：可裸缸，或在底部鋪上少許底砂，以適量沉木、石塊、水草布置

體色多彩，會隨著
身體狀況而變化

背鰭前 3 條鰭條
明顯延伸且拉高

臉部有一道穿過
眼睛的黑色帶

雄魚

雌魚

腹部有明顯粉紅色澤，當成
熟抱卵時則外形圓潤飽滿

背鰭前 3 條鰭條延
伸較不明顯

已經配對的荷蘭鳳凰伴侶
經常形影不離，也會一起
抵抗外侮。

荷蘭鳳凰會把魚卵產在平坦的
石頭表面，盡心盡力保護。

在護幼期間的雌魚，體色
會由原本較為樸素的狀態
轉為鮮黃的警戒色。

荷蘭鳳凰的小魚（前）。爸爸媽媽（後）不會離牠們太遠。

神仙魚
Pterophyllum scalare

體長：10~15 公分

棲息環境：淡水緩流、湖泊等

食性：肉食性

食物：觀賞魚飼料、豐年蝦或赤蟲等冷凍生餌

餵食頻率：1 天餵食 1~2 次，每次餵食量以魚隻可在半小時內吃完為原則

飼養所需空間與容器：20 公升以上透明塑膠或玻璃容器

水質過濾：需裝設過濾器

打氣：可，沒有也沒關係

環境布置：可裸缸，或在底部鋪上少許底砂，以適量沉木、石塊、水草布置

「紅背埃及神仙」品系神仙魚。

背鰭往上延伸

身體呈圓盤狀，有
3~4 道垂直黑帶

吻部尖而突出

尾鰭為截型，但上、下
兩端鰭條會有些延長

臀鰭往下延伸

2 片腹鰭延伸成
細長鐮刀狀

神仙魚的身體極扁。

神仙魚個體之間會出現
追逐競爭的行為。

（右頁）
其他品系的神仙魚：

❶「藍斑馬神仙」，
身體上散發出藍色光
澤。

❷「陰陽神仙」，身
體前半段為淺灰色，
後半段為黑色；垂直
黑帶不明顯。

❸「三色神仙」，身
上有黑、白、黃三色
不規則分布；垂直黑
帶不明顯。

❹ 白子神仙魚，體
色雪白，眼睛缺乏黑
色素而呈紅色。

動物界 | 脊索動物門 | 輻鰭魚綱 | 鱸形目 | 慈鯛科

貝魚
Lamprologus sp.

體長：4~8 公分
棲息環境：淡水湖泊等
食性：雜食性
食物：觀賞魚飼料、豐年蝦或赤蟲等冷凍生餌
餵食頻率：1 天餵食 1~2 次，每次餵食量以魚隻可在半小時內吃完為原則

飼養所需空間與容器：10 公升以上透明塑膠或玻璃容器
水質過濾：需裝設過濾器
打氣：可，沒有也沒關係
環境布置：在底部鋪上一層薄薄的底砂，再放置數個大小適中、殼口和殼內空間足夠魚隻鑽入躲藏的貝殼

水族館裡較常販售的「叮噹貝」
（*Lamprologus ocellatus*）。

鰓蓋後有深色小斑塊

眼睛的比例大

體色為白、淡黃或黃，身
體上常帶有粉藍或粉紫色
金屬光澤

水族館裡常販售的另外一種貝
魚：「九間貝」（*Lamprologus
multifasciatus*）。

身上有十餘道深
棕色垂直紋路

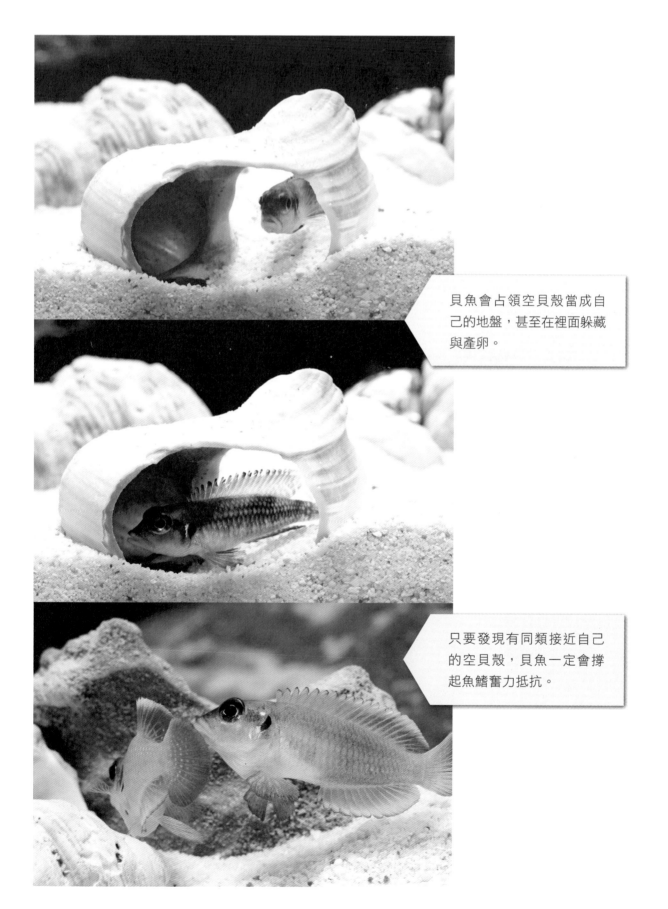

貝魚會占領空貝殼當成自己的地盤，甚至在裡面躲藏與產卵。

只要發現有同類接近自己的空貝殼，貝魚一定會撐起魚鰭奮力抵抗。

飼養貝魚時，一定要在環境
中提供數量足夠且大小適中
的空貝殼供牠們使用。

其他

稻田魚
淡水鰕虎

飼養鰕虎時的環境布置。

除了前面介紹的幾大類常見魚種外，水族館或都市近郊的天然水域裡，還有一些具有生物特色的魚類，例如稻田魚以及淡水鰕虎。牠們的飼養難度不高，體型不大，性情溫馴或略有競爭行為，同樣適合親子共同飼養與觀察。

大部分的稻田魚與淡水鰕虎可以使用乾淨且曝氣去氯的自來水，在 2 尺（長邊 60 公分）或以下的水族箱中進行飼養。飼養時，包括使用的水族箱、過濾器材、加溫器材與燈具等硬體器具都可以比照前述一般狀況來進行裝設，比較沒有特殊的要求和限制。唯一需要注意的是，鰕虎喜歡在底層與岩石間活動，因此需在水族箱中堆疊較多的岩石，以營造合適環境。

此外，牠們也都可以接受水族館裡販售的人工飼料與冷凍生餌，在食物的供給上很容易。

稻田魚
Oryzias sp.

體長：3~5 公分

棲息環境：淡水池塘、湖泊、緩流、水田等

食性：雜食性

食物：觀賞魚飼料、豐年蝦或赤蟲等冷凍生餌

餵食頻率：1 天餵食 1~2 次，每次餵食量以魚隻可在半小時內吃完為原則

飼養所需空間與容器：5 公升以上透明塑膠或玻璃容器

水質過濾：需裝設過濾器

打氣：可，沒有也沒關係

環境布置：可裸缸，或在底部鋪上少許底砂，以適量沉木、石塊、水草布置

水族館中常見的「女王燈」
（*Oryzias dancena*）。

銀白而略半透明的身體

眼眶有水藍色
金屬光澤

臀鰭鰭條延伸，使得鰭面較
大且外緣有不規則鬚狀

雄魚

雌魚

臀鰭鰭條沒有特別延
伸，鰭面外緣平整

❶ 以「美達卡」、「楊貴妃」
或「黃金稻田魚」等名稱販
售的日本稻田魚改良品系
（*Oryzias latipes* var.）。

❷ 水族館裡常販售的另一
種稻田魚：「七彩霓虹稻田
魚」（*Oryzias woworae*）。

❶ ❷

臺灣原生的青鱂魚（*Oryzias sinensis*）。
牠們在臺灣的天然水域裡已經愈來愈少
見了。

身形較細長

發情時，身體和
各鰭會發黑

雄魚

雌魚

腹部飽滿圓潤

繁殖時，會把產下並已受精的
魚卵暫時掛在泄殖孔附近

透過基因改造而成的螢光青鱂魚。視植入基因不同，眼睛和身上會呈現出螢光綠或螢光紅的色澤。

掛附在水草上的青鱂魚卵。

淡水鰕虎
Gobiidae sp.

體長：5~7 公分

棲息環境：淡水池塘、湖泊、溪流、水田等

食性：肉食性

食物：觀賞魚飼料、豐年蝦或赤蟲等冷凍生餌

餵食頻率：1 天餵食 1~2 次，每次餵食量以魚隻可在半小時內吃完為原則

飼養所需空間與容器：10 公升以上透明塑膠或玻璃容器

水質過濾：需裝設過濾器

打氣：可，沒有也沒關係

環境布置：在底部鋪上少許底砂，以適量沉木、石塊、水草布置

具有前、後兩個背鰭　　眼睛位於頭上方

臺灣溪流中常見的「短吻紅斑吻鰕虎」（*Rhinogobius rubromaculatus*）。長條狀的身體，有紅色細點斑，厚唇大嘴。常緊貼在岩石或底質上活動。

臉部眼前有紅色線紋　　前背鰭的前端鰭條較延伸，且為黃白色

臺灣溪流中常見的「明潭吻鰕虎」（*Rhinogobius candidianus*）。體色整體呈淺或深灰色，

特化成吸盤狀的腹鰭

為了可以在快速的水流中穩住身體，腹鰭發展成吸盤狀，可以把自己固定在岩石表面。

鰕虎要搶地盤，威嚇同類時，常會張大嘴巴，把魚鰭撐得大大的。

正在吃冷凍赤蟲的吻鰕虎。

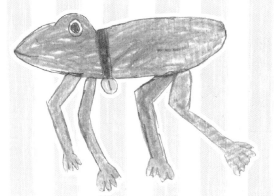

適合親子飼養觀察的……

兩生類動物

兩生類動物也就是大家所熟知的青蛙、蠑螈等。牠們的特徵包括——皮表裸露而無鱗片或毛髮，會分泌黏液以維持身體的溼潤；絕大部分種類為卵生，卵沒有卵殼；其幼生，也就是蝌蚪，會在水中生活，並以鰓呼吸；多數種類的成體則有四肢，以肺和皮膚進行呼吸。兩生類動物，尤其是成體，可以爬上陸地，但仍需要環境中有足夠的水分或溼度，好讓牠們的體表與產下的卵保持溼潤，所以鮮少完全離水。也因為牠們會在陸域和水域之間棲息或來回活動，所以才被稱為**兩生類**或**兩棲類**。

兩生類由幼生（蝌蚪）轉變為成體（青蛙或蠑螈）的過程稱為「變態」，是絕大部分兩生類動物很重要的特徵。兩生類的蝌蚪在水中生活，靠鰓來呼吸，身體呈紡錘形或橢圓形，靠尾鰭擺動在水中運動，外觀上跟魚類明顯不同。而在變態的過程中，通常會先長出一雙後腳，再長出前腳。最後，無尾類的尾鰭會逐漸縮小（但有尾類則繼續保有尾巴），除了少數純水生的種類之外，這時牠們會開始有爬出水面上岸的行為。變成成體後，身體外觀上的改變還包括——身體明顯分成頭部、軀幹、尾部與四肢等各部位；鰓部逐漸退化，改由肺部呼吸；皮膚也轉變成可以交換氣體輔助呼吸的器官，因此可接觸空氣。

晚上在都市近郊或山上很容易就可以發現到青蛙的蹤影。

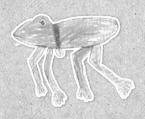

正在變態中而剛爬上岸的
青蛙，可以觀察到牠的尾
巴還在。

也稱為「巴西火龍」的赤腹蠑螈，
是水族館裡常有販售的蠑螈。

青蛙的生活史

1 蛙卵。可見到正在發育的胚胎。

2 蛙卵裡的胚胎已經逐漸發育成蝌蚪的外形，準備孵化。

3 順利孵化出來的蝌蚪。

4 已經長出四肢的蝌蚪，開始爬到陸地上。

5 四肢發育健全，尾部也完全消失，正式成為青蛙的階段。

6 已經長大成熟的青蛙。

目前還存在於地球的兩生類動物，可分為三類，分別是「無足類」、「有尾類」與「無尾類」。其中，有尾類（蠑螈等）和無尾類（青蛙、蟾蜍等）是最多的，也最容易在水族館中或是都市近郊見到。

身體咕溜不是蛇的假四腳蛇

有尾類

赤腹蠑螈

有尾類兩生動物，終身都有尾巴。許多有尾類兩生動物具有幾個極為特殊的生物現象，十分吸引生物學家的研究興趣。例如，有些物種的成體在某些情況下會出現「幼體性熟」的現象，也就是個體都已經長大而且也可以繁殖了，但外觀上卻都還保有幼體的特徵與外形；或是當四肢、尾部損傷之後，牠們會展現很強的再生現象；或是有些種類（包括在水族館或爬蟲寵物店也找得到的種類）的繁殖方式為特殊的卵胎生，也就是離開母體的是小蠑螈，而不是卵。

布置赤腹蠑螈的飼養環境時，除了水域外，還要設置陸地供其爬出水面。

飼養赤腹蠑時的環境布置：

❶ 1.5 尺水族箱，加蓋。

❷ 連接打水馬達的雨淋管組。

❸ 以木頭或石材營造出陸域環境。

❹ 底砂。

❺ 些許水草。

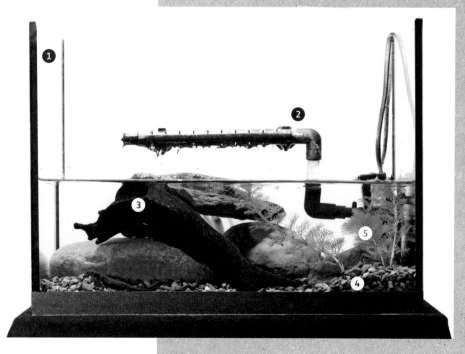

臺灣也有原生有尾類兩生動物，但數量極為稀少而且瀕危，一般人禁止採集與飼養。目前，流通在水族寵物市面上，且可以合法飼養的蠑螈有好幾種，考量各項因素，要推薦給一般家庭的種類，為市面上稱為「巴西火龍」的赤腹蠑螈。市面上販售的赤腹蠑螈通常都是成體，個性活潑而不太怕人，個體間的鬥爭性不高，對人不具攻擊性。不過，仍然不建議太常用手去捉牠。這樣不僅容易驚嚇到牠們，也容易增加牠們皮膚受傷感染的機會。此外，許多兩生類動物皮膚上分泌的黏液對人類有健康上的疑慮。所以，千萬記得，只要摸過牠們，就一定要馬上把手洗乾淨，以免不慎把黏液吃下肚。

適合赤腹蠑螈的飼養環境

赤腹蠑螈在行為上是十分典型的兩生類動物，會花很多時間在水裡活動，但也會爬到陸地上。雖然牠們是夜行性動物，白天不是太有活力，但還是可以觀察到牠們在水下的水草、樹枝、岩縫之間活動與覓食。飼養赤腹蠑螈的環境，可以由水草與木材所構成的水域造景為主，輔以延伸出水面的石材、樹枝等來作為陸域的基礎，甚至種植適當的陸生植物以增加飼育環境的美觀。

飼養空間與密度

約 1 尺（長邊 30 公分）大小的玻璃水族缸或寵物箱，可以飼養一至多隻。赤腹蠑螈有溼潤的體表，善於吸附在玻璃上攀爬，因此，如果使用玻璃水族箱來飼養，記得要在上方加蓋，避免牠們沿著缸壁爬出。

水質需求與過濾設備

只要是中性的淨水，就可以滿足赤腹蠑螈所需。為了維持飼養箱中水質潔淨，最好設置簡易過濾器，如氣舉式或外掛式過濾器。若不裝設過濾器，則需大約 1 週換一次水。另外，赤腹蠑螈不喜悶熱的環境。因此，飼育環境中的水溫最好盡量維持在 20~25℃ 以下，並且維持飼養環境的通風。夏天時，則需把飼養箱移往室內較為涼爽處，或是使用風扇等降溫與增加空氣對流的設備。

食物

赤腹蠑螈成體是肉食性的，對於人工飼料的接受度比較低。可以至水族館購買冷凍赤蟲或豐年蝦回家，退冰之後取適量蟲體餵食牠們。也可以直接在飼養箱中的水域裡飼養幾隻黑殼蝦或體型比牠小的小魚，赤腹蠑螈會自行去追逐捕食牠們。

正在大快朵頤豐年蝦的赤腹蠑螈。

動物界 ｜ 脊索動物門 ｜ 兩棲綱 ｜ 有尾目 ｜ 蠑螈科

赤腹蠑螈
Cynops orientalis

體長：8~10 公分
棲息環境：淡水池塘、沼澤等
食性：肉食性
食物：小型魚蝦、蟋蟀、冷凍赤蟲等生餌
餵食頻率：1~2 天餵食 1 次，每次少量餵食

飼養所需空間與容器：5 公升或以上的透明塑膠或玻璃容器，需加蓋
水質過濾：需裝設過濾器，若無則需常換水
打氣：不需打氣
環境布置：水域中可裸缸或鋪設底砂，種植水草，需提供陸地或浮島

皮膚光滑溼潤，
背部為深棕色

後肢各有 5 個趾頭

前肢各有 4 個趾頭

尾部細長
但靈活

① 赤腹蠑螈可以在水下與陸地
之間自由行動。

② 張開大口的赤腹蠑螈。

③ 赤腹蠑螈的腹部為橘紅色。

世界知名的變身歌手

無尾類

白化水生蛙
南美角蛙
蘆葦蛙

青蛙與蟾蜍等無尾類從幼體轉型為成體的變態現象，比有尾類更為明顯——蝌蚪沒有四肢但有尾巴，青蛙、蟾蜍則有四肢但沒有尾巴。不過，和生活環境通常與水離得很近的蠑螈類相比，無尾類的四肢強壯有力，活動範圍大，棲息環境也多樣。

在水族館或爬蟲寵物店裡可以見到的無尾類兩生動物種類不少，接下來會挑選幾種不同習性和環境偏好的典型物種來介紹。請先了解牠們的需求，確定能夠提供牠們適合的環境和食物，再決定是否選購。和蠑螈類一樣，飼養青蛙蟾蜍等動物時，也盡量避免經常徒手直接捉取牠們，並且記得碰觸完之後一定要徹底洗手。

正在啃食小白菜葉子的蝌蚪。

飼養空間與密度

飼養蛙類時，飼養空間尺寸的選擇，需考量到蛙種成體的尺寸、活動能力，以及環境偏好。大部分蛙類性情還算溫和；但如果體型相差過大，體型較小的個體很有可能會被大體型者攻擊甚至當成食物。因此，若想飼養多隻蛙類，個體之間的體型必須相似、食物供給必須無虞，飼養環境需定期且確實清潔。在接下來要介紹的幾種蛙類中，白化水生蛙可以使用 1 尺（長邊 30 公分）左右或稍大的水族箱，飼養 1~5 隻。樹蛙類的蘆葦蛙跳躍能力較強，需要較大的垂直向活動空間，因此一般橫向的水族箱並不適用。垂直高度 2 尺（60 公分）或以上且通風良好的樹棲型兩生爬蟲寵物專用飼養箱，是飼養蘆葦蛙的好選擇，理想的飼養數量是 5 隻以內。至於南美角蛙的嘴巴較大，亞成體的個體間容易互相競爭，因此建議單隻獨立飼養。所幸，南美角蛙的活動範圍不大，一般常用容積約 1~3 公升的含蓋塑膠製寵物箱就足夠飼養 1 隻個體。

水質需求與過濾設備

與飼養蠑螈類一樣，蛙類飼養環境中的用水以乾淨的中性水質為原則即可。飼養蛙類時，不論是何種環境偏好類型的蛙種，用水一定要乾淨，否則容易讓蛙的體表發生感染。飼養水生蛙時，水族箱中務必使用過濾器；而飼養樹蛙或角蛙等環境水域比例相對較小的蛙種時，水族箱用的過濾器可能體積過大而不方便使用，那麼，就需頻繁更換飼養箱水盆中的水。

食物

蛙類蝌蚪和成體的食性大不相同，前者通常為雜食性或藻食性；後者則都屬肉食性。因此，在水族箱裡飼養蝌蚪時，可以投餵熱帶魚用的人工飼料，與事先煮爛的乾淨青菜葉。有人甚至會餵牠們煮熟的白米飯。常用來餵食蛙類成體的食物，包括各式尺寸的蟋蟀、麵包蟲、小魚（朱文錦、大肚魚）等，都可以在水族館或是爬蟲動物寵物店裡購買到。有些蛙類，尤其是角蛙，在習慣後，也可以接受人工飼料，故市面上也有販售角蛙專用的飼料。

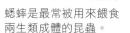

蟋蟀是最常被用來餵食兩生類成體的昆蟲。

適合蛙類的飼養環境

蝌蚪

　　飼養蝌蚪時的環境布置與飼養魚類時相同。飼養容器內的水位高度可以不用太高，大約 5~10 公分即可，可以鋪設底砂，放置水草和小石塊作簡單的布置，讓蝌蚪們較有安全感、較不易受到驚嚇。擺放石塊或樹枝時，可以延伸一些部分超出至水面上，讓蝌蚪在變態的過程中能夠攀附上岸。畢竟蝌蚪時期只是暫時的，也有人不想太過麻煩，以簡易的方式來飼養牠們──只在飼育容器中裝入乾淨的水，並設置簡易的過濾器或定期換水。為了提供蝌蚪日後變態完成上岸所需，則直接放置 1~2 塊較大的石塊、長樹枝，甚至是一片保麗板等具浮性的載體。當然，最後還是要視不同蛙種，事先準備好適合成體的飼養環境，以便在蝌蚪變態完成之後馬上銜接，讓牠們搬到新家。

水陸交界型

　　有些蛙類的成體會上岸，並在溪流或池塘等水陸交界處生活。包括野外郊區常見的澤蛙與赤蛙類。與赤腹蠑螈一樣，飼養這類青蛙時，需使用平面面積較廣的飼養箱，並且多利用石塊、樹枝、水生與陸生植物等材料在裡面營造出同時具有水域和陸域的環境。此外，飼養箱裡可以使用打水泵浦來產生適當的水流或水珠噴濺效果，以提高箱中的空氣溼度。這類型蛙類普遍具有極佳的跳躍或攀爬能力，因此飼養箱上一定要加蓋，以免牠們跑出來。

全水域型

　　有些兩生類動物在變態為成體之後，仍繼續生活在水裡，如水生蛙。這種兩生類動物幾乎不會離開水域，飼養牠們時，環境的布置跟飼養魚類時一樣就可以。

還未長出腳的蝌蚪飼養方式，與一般魚類相同。

如果蝌蚪已經長出四肢，就要在水族箱中放置高出水面的石頭讓其爬上岸。

許多蛙類會在水陸交界處活動。

地面型

常見的蟾蜍，或是水族館裡販售的角蛙，都是活動於較為乾燥或具溼度的陸域地面環境的無尾類兩生動物。在野外環境裡，牠們時常在地面爬行輕跳，或隱身躲藏在溼潤的鬆軟土裡或落葉堆中，鮮少攀爬在垂直向的物體上往高處移動。飼養這類型蛙類成體時，需使用面積較廣、高度較低的飼養箱，並在裡面同時設置乾區和溼區，讓牠們視需求自行選擇要待在哪個區域。以角蛙為例，可以模擬其野外環境，在飼養箱中鋪設一層厚度約 1~2 公分的乾淨鬆土（通常會使用園藝店裡販售，不加任何肥料的泥炭土），並放置一或多個裝水的淺盆容器供牠們自行浸泡。不過，因為角蛙常會鑽入躲藏於土中，有些人覺得這樣不利於觀察，故而改用環境布置更為單純的簡易式飼養法。也就是在飼養箱之中裝盛約深 1 公分左右的淨水，並且鋪設一塊厚度超過水面、面積約占飼養箱底面積 1/2~2/3 的海綿，讓角蛙可以自由在水中或海綿之間移動。

樹棲型

樹蛙是成體會生活在高處或在樹枝間攀爬、跳躍與捕食的無尾類兩生動物代表。牠們需要較大的活動空間，尤其是垂直方向的空間；也需要放置足夠可供牠們攀附的物體。因此，飼養牠們時，需使用專為這類樹棲型寵物設計的垂直型飼育箱，並且在裡面放置適量的樹枝、爬藤植物或人工藤蔓等材料，布置出許多可供攀爬的空間。此外，為了避免環境過於乾燥，除了要在環境中定期人為噴水之外，最好還可以在飼育箱底部放置一盆乾淨的清水，讓樹蛙自行浸泡身體。

蟾蜍類大多是屬於地面活動性的兩生類動物。

樹蛙類會棲息在高處或樹枝之間。

動物界｜脊索動物門｜兩棲綱｜無尾目｜負子蟾科

白化水生蛙
Xenopus laevis var.

體長： 10~15 公分

棲息環境： 淡水池塘、河流等

食性： 肉食性

食物： 魚蝦幼苗、冷凍赤蟲等生餌、蟋蟀等

餵食頻率： 1~2 天餵食 1 次，每次少量餵食

飼養所需空間與容器： 5 公升或以上透明塑膠或玻璃容器，視個體尺寸而定

水質過濾： 需裝設過濾器

打氣： 不需打氣

環境布置： 裸缸，或鋪設底砂種植些許水草

眼睛位於頭上，眼珠因缺乏黑色素而呈紅色

全身為略帶粉紅的白色

前肢各有 4 趾

後肢各有 5 趾，趾間有蹼，有利於在水中快速游動

白化水生蛙也就是非洲爪蟾的白子，身體缺乏黑色素，所以眼睛呈現紅色。

白化水生蛙在水裡的游泳能力強，速度快。

白化水生蛙也會在水裡靜止不動，常會讓人以為是塑膠玩具蛙。

動物界｜脊索動物門｜兩棲綱｜無尾目｜角花蟾科

南美角蛙
Ceratophrys cranwelli

體長：12~15 公分

棲息環境：富溼度的陸域底層等

食性：肉食性

食物：小魚、蟋蟀、角蛙專用飼料等

餵食頻率：1~2 天餵食 1 次，每次少量餵食

飼養所需空間與容器：1 公升或以上透明塑膠或玻璃容器，視個體尺寸而定

水質過濾：不需裝設過濾器，需常換水

打氣：不需打氣

環境布置：裸缸中裝盛淺水，並以海綿營造成陸地

最常見的南美角蛙是綠色身體上，有數個紅棕色的塊狀斑紋，身型粗胖，四肢較短。趾尖沒有膨大，趾間也沒有蹼。大部分時間在陸地上活動的角蛙，有時也會浸入淺水中讓自己的身體保持溼潤。

飼養角蛙的簡易環境布置示範。

角蛙從正面看，有大大的頭，向上突出的雙眼，寬又大的嘴。

南美角蛙經過長時間的人工培育，除了綠色之外，還有許多其他顏色的品種。

蘆葦蛙

Hyperolius puncticulatus

體長： 3~4 公分

棲息環境： 淡水池塘、沼澤等

食性： 肉食性

食物： 果蠅、小蟋蟀等

餵食頻率： 1 天餵食 1 次，每次適量餵食

飼養所需空間與容器： 5 公升或以上透明塑膠或玻璃兩棲爬蟲寵物飼養箱，視個體尺寸而定

水質過濾： 不需裝設過濾器，需常換水

打氣： 不需打氣

環境布置：

蝌蚪期｜裸缸盛水，若長出四肢則需放置可供攀爬上陸的物體

青蛙期｜裸缸或底部鋪設柔軟介質，放置植栽、樹枝，放置淺盆的水

身體為橘色，眼睛後
面有褐色塊狀花紋

雄蛙

喉部皮膚皺褶
處為鳴囊

雄蛙

雌蛙

體型較雄蛙大，
喉部皮膚較光滑
無皺褶

蘆葦蛙有絕佳的攀爬能力，趾頭捉握有力，趾頭末端常膨大，後肢趾間沒有蹼。

繁殖時，雄性的蘆葦蛙（上）會抱接在雌蛙（下）的身上。

蘆葦蛙會將卵泡產在溼潤的地方，卵即在帶有溼度的卵泡之內發育與孵化成蝌蚪。

適合親子飼養觀察的……

水生爬蟲類動物

- -

爬蟲類動物為皮膚表面有角質化的鱗片或甲、通常以腹部貼著地面移動、用肺呼吸、且幼體與成體無外形之分（也就是沒有兩生類動物的「變態」過程）的脊椎動物。爬蟲類動物大多為卵生，卵有硬殼，且雌性大多會將卵產在與水隔絕的陸地上；少部分種類為卵胎生或胎生。與絕大部分的魚類和兩生類動物一樣，爬蟲類動物也屬體溫會隨著環境溫度而改變的變溫動物。

　　爬蟲類動物用肺呼吸，而非如魚類或兩生類的蝌蚪般使用鰓呼吸。因此，爬蟲類動物一定要吸入空氣並從中獲得氧氣。縱使有些生活在水中的爬蟲類動物可以閉氣較長的時間，例如澤龜、鱷魚等，但牠們終究還是得把頭部和鼻孔伸出水面換氣。如果長時間強迫爬蟲類動物待在水中，牠們可是會被淹死的喔！

頸盾
椎盾
肋盾
緣盾
臀盾

龜類為爬蟲類動物，有厚實的龜甲，以腹部貼地行動，用肺來呼吸。

爬蟲類包含鱷魚類、有鱗類（包括蜥蜴、蛇等）以及龜鱉類（包含海龜、陸龜、淡水的澤龜與鱉）等幾個主大類。其中，有一些淡水澤龜類的體型適中，性情溫馴，飼養容易，環境布置簡單，是較為推薦給親子共養的水族類爬蟲動物。

能屈能伸的大丈夫
澤龜類

紅耳龜
斑龜

龜鱉類（或簡稱為龜類）爬蟲類動物，共超過三百種以上，而澤龜指的是生活在水域裡的種類，尤其是生活在淡水與淡海水交界處者。與其他爬蟲類動物最大的不同在於，龜類的肋骨發展成外形像護甲的特殊構造，也就是**龜甲**。除了龜甲之外，外形上還可以觀察到的部分包括頭、尾和四肢。在所有的龜類裡，澤龜的種類占了 **70%** 左右，廣泛分布在各種型式的水域環境中。澤龜的天性敏感，大部分種類在遇到危險的時候，都可以把裸露在龜甲外的部分縮進龜甲裡以保護自己。不同種類的澤龜，在龜甲及頭尾四肢上的顏色、花紋都不相同。

澤龜棲息在水中或水陸交界處。

鼻孔
眼睛
頭部
背甲
前肢
尾部
後肢

適合澤龜的飼養環境

一般而言，不同種類的澤龜依照其喜好的環境，可以分為**偏水棲**，也就是會花較長時間在水中活動與休息，僅偶爾離開水面爬至石頭和岸邊晒太陽的種類；以及**偏陸棲**，即主要生活在水域旁的草原森林等陸地的種類。而絕大部分的澤龜，包括接下來要推薦的紅耳龜和斑龜，都屬於前者。因此，飼養時，必須在飼養環境中同時提供**水域**和可供攀爬出水面的**陸域**，就跟飼養生活在水陸交界的兩生類動物一樣。

水域部分的水深需視澤龜的尺寸而定，以至少要略為超過甲殼，並讓牠能在水中輕鬆浮沉活動為原則。澤龜是用肺呼吸的爬蟲類動物，即使在水中閉氣的時間較長，仍然需要浮出水面換氣。因此，水深也不能過深，否則牠會無法隨心所欲浮到水面，尤其是體力相對較差的幼龜。水域底層可以鋪上薄薄底砂，並以石頭和沉木造景為主。許多澤龜會吃質地較軟的水草，因此大多不會在飼養澤龜的水族箱中種植水草。

陸域部分，可以石頭與木頭來搭成；若想布置得漂亮一點，還可以適量種植一些陸生植物。天然的石頭和木材比較重，因此也有人會採用較簡易的飼養法，即在全水的飼養箱中，放一個市售的澤龜專用浮臺，也無不可。

飼養空間與密度

市售的澤龜，很多都是體長約 3~6 公分左右的幼龜。在適當的環境中，牠們仍然會繼續長大，並視種類不同，成體可達 10~30 公分，甚至更大。作為一個負責任的澤龜飼主，在提供牠們合適的飼養環境時，不能只是考慮到牠們在購買當下時的體型，還必須考慮到牠們日後在不同的成長階段中是否都有足夠空間可以活動。體型愈大的個體，自然需要愈大的飼養空間。一般而言，體長 10 公分以內的澤龜可以使用 1.5 尺（長邊 45 公分）左右的水族箱或尺寸相仿的不漏水飼養箱，飼養一至數隻；而體長超過 10 公分的個體，則需使用 2 尺（長邊 60 公分）甚或更大的水族箱來飼養。

大部分的澤龜偶爾會離開水面爬至岩石上晒太陽，除了藉此提高身體溫度外，還可以吸收紫外線，促進新陳代謝。

水質需求與過濾設備

　　飼養澤龜時，使用一般中性與中等硬度水質的水即可。不過，澤龜的排泄量有點大，水變髒的頻率會比飼養其他中、小型水族寵物還來得快。水如果不夠乾淨，容易讓澤龜的表皮和龜甲受到細菌和黴菌感染，甚至會侵入體內，造成嚴重後果。因此，在飼養澤龜的水族箱中設置過濾器是必要的。過濾器的選擇，以水質淨化效能大、能快速移除廢物、濾材易清洗等為主要考量，包括外部式與上部式過濾等都可以。

　　飼養包括澤龜在內的爬蟲類寵物時，溫度是一個重要而不能忽略的環境因子。澤龜需要適當與溫暖的環境讓牠們進行正常的生理作用與活動，因此才常見戶外水池裡的澤龜會在日正中午爬出水面晒太陽。而在家中飼養澤龜時，如果使用可提式的塑膠寵物箱，可以把牠們帶到戶外晒一下太陽，讓其得以提高身體溫度，並吸收紫外線以利體內鈣質的生合成。假如澤龜的體型較大，或使用移動不方便的水族箱飼養，則可在冬天溫度較低時，裝設市售的爬蟲專用**加熱燈具**和**紫外線燈泡**——要將爬蟲類寵物養得健康長壽，就絕對不能省去這兩樣法寶。

食物

　　大部分澤龜都是雜食性，水族館販售的活餌，如小魚、黑殼蝦與溪蝦、蟋蟀、麵包蟲等，以及乾淨無農藥殘留的青菜葉，都適合用來餵食澤龜。此外，市面上也有販售澤龜專用人工飼料，許多種類的澤龜也都可以欣然接受。餵食時，建議採多樣混合餵食，以避免因食物過於單一而造成澤龜營養失衡。不過，一般而言，幼龜時期的澤龜對於動物性餌食的需求和索食意願會較高，此時可以稍微提高食物中動物性成分的比例。

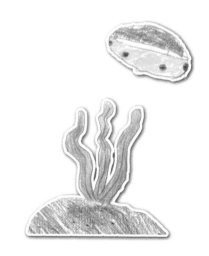

飼養澤龜時，陸域可以使用石頭來搭成，並使之超出水面高度即可。

可以直接放進水族箱的澤龜專用浮臺，供澤龜爬出水面歇憩。

紅耳龜
Trachemys scripta elegans

體長：20~30 公分

棲息環境：淡水池塘、沼澤、湖泊等

食性：雜食性

食物：小型魚蝦、澤龜飼料、水草等

餵食頻率：1~2 天餵食 1 次，每次少量餵食

飼養所需空間與容器：3 公升或以上透明塑膠或玻璃容器，視個體尺寸而定

水質過濾：需裝設過濾器

打氣：不需打氣

環境布置：水域中可裸缸或鋪設底砂，需提供陸地或浮島

紅耳龜因為其兩側臉頰上有橘紅色斑塊而得名，也被稱為「巴西龜」。

如果遇到危險，大部分的龜類都會把四肢與頭縮入殼內躲避。

紅耳龜的腹甲。

爬出水面至岩石上享受日光浴的紅耳龜。

紅耳龜幼龜的背甲顏色常呈綠色，並有細緻的黃、淺綠或深綠色的紋路。

背甲顏色與紋路在個體之間會有差異，也會隨著成長而逐漸改變，由綠色轉變成綠黃相間，後期則多為淺至深的棕色，或出現木紋。

動物界 | 脊索動物門 | 爬行綱 | 龜鱉目 | 潮龜科

斑龜

Ocadia sinensis

體長：20~25 公分

棲息環境：淡水池塘、沼澤、湖泊等

食性：雜食性

食物：小型魚蝦、澤龜飼料、水草等

餵食頻率：1~2 天餵食 1 次，每次少量餵食

飼養所需空間與容器：3 公升或以上透明塑膠或玻璃容器，視個體尺寸而定

水質過濾：需裝設過濾器

打氣：不需打氣

環境布置：水域中可裸缸或鋪設底砂，需提供陸地或浮島

① 不論是幼體或成體，頭部兩側至頸部都有深綠、淺黃相間的線狀花紋，辨識容易。

② 斑龜的背甲呈深灰褐色，並有淺黃色斑紋。

③ 斑龜的尾部比例較長，所以也被稱為「長尾龜」。

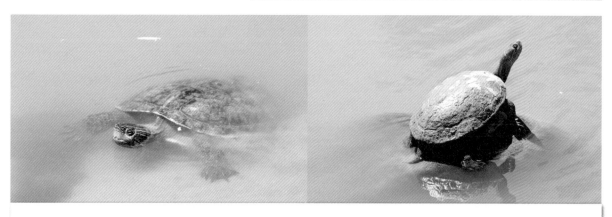

潛於水中，只露出頭部的斑龜。

爬上岩石享受日光浴的斑龜。

PART 3

實用資源

動物名稱索引（按書中出現順序排列）

趣味學習單

大人小孩一起來，動腦想一想、
動眼看一看、動手畫一畫

1
水生動物

問題 1

以下哪一種動物,是長時間或終生生活在水中的水生動物?
❶ 狗 ❷ 麻雀 ❸ 蝴蝶 ❹ 金魚(單選)。

問題 2

水生動物發展出哪些構造、外形或行為來適應在水中的生活呢?
請試著舉例:

_____

_____

_____

問題 3

你和孩子曾經在哪裡看過水生動物?是什麼動物呢?
請試著陪孩子一起畫出牠們的模樣和環境。

無脊椎動物與脊椎動物

問題 1

「脊椎動物」與「無脊椎動物」在身體上最主要的差別，
在於什麼構造的有無？
❶ 脊椎骨 ❷ 頭部 ❸ 眼睛 ❹ 翅膀（單選）。

問題 2

連連看，哪些動物是無脊椎動物，哪些是脊椎動物？

蝸牛	蝦子	人	青蛙	小丑魚	海葵	烏龜
•	•	•	•	•	•	•

　　　　　•　　　　　　　　　　•
　　　脊椎動物　　　　　　無脊椎動物

問題 3

想一想，最常在家中見到的無脊椎動物有哪些？脊椎動物有哪些？
請試著列舉出來：

_____

_____

_____

_____

問題 1 答案：❶　問題 2 答案：脊椎動物——人、青蛙、小丑魚、烏龜；其他皆為無脊椎動物

常見的水生無脊椎動物

問題 1

在你的生活周遭，可以找到哪些肉眼觀察得到的水生無脊椎動物？
請試著列舉出來：

問題 2

承上，觀察看看或想一想，這些水生無脊椎動物生活在什麼樣的水環境
之中？

問題 3

承上，請試著陪孩子一起把牠們畫出來，並且引導孩子了解牠們在外形
和尺寸上的不同。

常見的魚類

問題 1

下列哪些構造有利於幫助**魚類**在水中生活？
❶ 鰓 ❷ 鰭 ❸ 流線的體型 ❹ 腳上有蹼（複選）。

問題 2

在水族館中，你最喜歡的魚類是哪一種？
請試著與孩子一同把牠們畫出來。

問題 1 答案：❶ ❷ ❸

問題 3

承上，假設有一天你與孩子想在家中飼養這種魚，試著想一下該如何布置適合牠們的環境呢？試著列出牠們喜愛的生活條件。

常見的兩生類和水生爬蟲類動物

問題 1

連連看，哪些是兩生類動物，哪些是爬蟲類動物呢？

青蛙　　壁虎　　鱷魚　　蠑螈　　烏龜　　蜥蜴
·　　　·　　　·　　　·　　　·　　　·

　　　·　　　　　　　　·
兩生類動物　　　　　爬蟲類動物

問題 2

關於兩生類動物，下列哪一項敘述是對的？
❶ 為了可以在水陸兩處棲息與活動，兩生類的身體表面有鱗片保護，以防止水分散失；❷ 無論是幼生或成體，兩生類動物都具有肺部以行呼吸作用；❸ 大部分兩生類動物為卵生，卵沒有卵殼；❹ 兩生類動物由幼生變態為成體的過程中，會先把尾鰭縮小完全之後，先長出前腳，最後才長出後腳，然後爬到岸上。（單選）

問題 3

試著回想一下，你與孩子上次看到的兩生類動物與爬蟲類動物分別是什麼？又是在何處看到的呢？請試著與孩子一起畫出來。

問題 1 答案：兩生類動物——青蛙、蠑螈；其他皆為爬蟲類動物　　問題 2 答案：❸

後記

在這本書裡，我嘗試利用簡易的字句和寫實的照片來傳遞各種水族動物的生物學知識給讀者。不過，在書寫的過程中，總還是會擔心這樣的內容難免枯燥，閱讀起來單調了些。「如果可以的話，試著增加這本書的童趣看看」，在這本書中所需文圖素材都已完成，並與編輯討論接下來的版面設計時，我有了這樣的想法。畢竟，「藉由這本書，讓大人與小孩可以相互陪伴、共讀、交流生物知識與培養良好親子關係」是我企劃這本書時最想達到的目的，如果讓人覺得這是一本有距離感的書，前面提的這些效果想必不佳。於是，為了縮短正確知識給人的距離感、為了增加書中版面的童趣，我建議在版面裡放上一些水族動物的插畫，而且是要富有童趣的、手繪的，而非現成圖庫裡的。「我要的不是大人畫的孩子畫，而是真的由孩子來畫的孩子畫。」我記得當時我是這麼跟編輯說的。於是，我開始回家威脅利誘（笑）我家兩個寶貝姐弟——祐萱和祐華，繼擔任這本書中幾張照片裡的模特兒之外，再次出馬相助，肩負起插畫家的重責。所以，各位讀者們在書中看到的所有水族動物插畫，都是姐弟倆一手包辦的！謝謝你們，爸爸以你們為榮！當然，我也同樣感謝能夠幫我把所有天馬行空想法具體呈現的辛苦編輯，謝謝你！

吳瑞梹

親子玩水族

生物觀察，生命教育，親子共作，適合大人小孩一起飼養的53種水族寵物

作　　　者	吳瑞梽
攝　　　影	吳瑞梽
插　　　畫	吳祐萱、吳祐華

總　編　輯	王秀婷
責任編輯	李　華
版　　　權	向豔宇
行銷業務	黃明雪

發　行　人	涂玉雲
出　　　版	積木文化
	104臺北市民生東路二段141號5樓
	電話：(02) 2500-7696｜傳真：(02) 2500-1953
	官方部落格：www.cubepress.com.tw
	讀者服務信箱：service_cube@hmg.com.tw
發　　　行	英屬蓋曼群島商家庭傳媒股份有限公司城邦分公司
	臺北市民生東路二段141號2樓
	讀者服務專線：(02)25007718-9｜24小時傳真專線：(02)25001990-1
	服務時間：週一至週五09:30-12:00、13:30-17:00
	郵撥：19863813｜戶名：書蟲股份有限公司
	網站：城邦讀書花園｜網址：www.cite.com.tw
香港發行所	城邦（香港）出版集團有限公司
	香港灣仔駱克道193號東超商業中心1樓
	電話：+852-25086231｜傳真：+852-25789337
	電子信箱：hkcite@biznetvigator.com
馬新發行所	城邦（馬新）出版集團 Cite（M）Sdn Bhd
	41, Jalan Radin Anum, Bandar Baru Sri Petaling, 57000 Kuala Lumpur, Malaysia.
	電話：(603) 90578822｜傳真：(603) 90576622
	電子信箱：cite@cite.com.my

封面、內頁設計	李華
製版印刷	上晴彩色印刷製版有限公司

城邦讀書花園
www.cite.com.tw

2018年12月4日　初版一刷
售　價／NT$480
ISBN　978-986-459-159-6

Printed in Taiwan.
有著作權·侵害必究

國家圖書館出版品預行編目資料

親子玩水族：生物觀察，生命教育，親子共作，
適合大人小孩一起飼養的53種水族寵物 / 吳瑞梽
著.攝影. -- 初版. -- 臺北市：積木文化出版：家庭
傳媒城邦分公司發行, 2018.12　面；　公分

ISBN 978-986-459-159-6(平裝)

1.養魚 2.動物 3.寵物飼養

438.66　　　　　　　　　　　　　　　107019655